**Berichte aus dem
Institut für Umformtechnik
der Universität Stuttgart**
Herausgeber: Prof. Dr.-Ing. Dr. h.c. K. Lange

100

Michael Bauer

Ermittlung der Fließkurven von Feinblechen im ebenen Torsionsversuch

Mit 76 Abbildungen und 7 Tabellen

Springer-Verlag
Berlin Heidelberg New York
London Paris Tokyo 1989

Dipl.-Ing. Michael Bauer
Institut für Umformtechnik
Universität Stuttgart

Dr.-Ing. Dr. h. c. Kurt Lange
o. Professor em. an der Universität Stuttgart
Institut für Umformtechnik

D 93

ISBN-13: 978-3-540-51117-5   e-ISBN-13: 978-3-642-83780-7
DOI: 10.1007/ 978-3-642-83780-7

Gesamtherstellung: Copydruck GmbH, Heimsheim
2362/3020−543210

Die Umformtechnik zeichnet sich durch sehr gute Werkstoffaus-
wertung und hohe Mengenleistung in der Serienfertigung gegenüber anderen Fertigungsverfahren aus, wobei Beibehaltung der
Masse, Änderung der Festigkeitseigenschaften während eines Vor-
gangs und elastische Rückfederung der Werkstücke nach einem
Vorgang wesentliche Merkmale sind. Weiter sind die benötigten
Kräfte, Arbeiten und Leistungen sehr viel größer als z.B. bei
spanenden Verfahren. Die sichere Beherrschung eines Verfahrens
in der industriellen Fertigung und die zunehmende Forderung
nach Vermeidung bzw. Minimierung spanender Nacharbeit erzwingen
die geschlossene Betrachtung des Systems "Umformende Fertigung"
unter zentraler Berücksichtigung plastizitätstheoretischer,
werkstoffkundlicher und tribologischer Grundlagen.

Das Institut für Umformtechnik der Universität Stuttgart stellt
entsprechend Forschung und Entwicklung zum einen auf die Erar-
beitung von Grundlagenwissen in diesen Bereichen ab, zum anderen
untersucht und entwickelt es Verfahren unter Anwendung speziel-
ler Meßtechniken mit dem Ziel einer genauen quantitativen Ermittlung des Einflusses der Parameter von Vorgang, Werkstoff,
Werkzeug und Maschine. Die Behandlung von Problemen des Maschi-
nenverhaltens, der Maschinenkonstruktion sowie der Werkzeugaus-
legung und -beanspruchung, der Auswahl hochbeanspruchbarer,
verschleißfester Werkzeugbaustoffe und schließlich der Tribo-
logie gehört entsprechend ebenfalls zum Arbeitsgebiet, das
durch die Erfassung organisatorischer und betriebswirtschaft-
licher Fragen abgerundet wird.

Im Rahmen der "Berichte aus dem Institut für Umformtechnik" er-
scheinen in zwangloser Folge jährlich mehrere Bände, in denen
über einzelne Themen ausführlich berichtet wird. Dabei handelt
es sich vornehmlich um Abschlußberichte von Forschungsvorhaben,
Dissertationen, aber gelegentlich auch um andere Texte. Diese
Berichte sollen den in der Praxis stehenden Ingenieuren und
Wissenschaftlern zur Weiterbildung dienen und eine Hilfe bei
der Lösung umformtechnischer Aufgaben sein. Für die Studieren-

den bieten sie die Möglichkeit zur Vertiefung der Kenntnisse.
Die seit zwei Jahrzehnten bewährte freundschaftliche Zusammen-
arbeit mit dem Springer-Verlag sehe ich als beste Voraussetzung
für das Gelingen dieses Vorhabens an.

                                        Kurt Lange

<u>V o r w o r t</u>

Die vorliegende Arbeit entstand während meiner Tätigkeit als
wissenschaftlicher Mitarbeiter am Institut für Umformtechnik
der Universität Stuttgart.

Herrn Prof. em. Dr.-Ing. Dr. h.c. Kurt Lange danke ich für das
mir entgegengebrachte Vertrauen und die konsequente sowie groß-
zügige Unterstützung während der Durchführung meiner Untersuchungen. Für die eingehende Durchsicht der Arbeit und die
hilfreichen Hinweise in ihrer Entstehungsphase danke ich Herrn
Prof. Dr.-Ing. Elmar Steck.

Mein besonderer Dank gilt ebenfalls Herrn Dr. rer. nat. habil.
Eberhard Teufel für die wertvollen Diskussionen über mathematische Sachfragen im Zusammenhang mit der bearbeiteten Thema-
tik.

Herrn Dipl.-Ing. Martin Herrmann danke ich für sein stetes
Interesse und die in zahlreichen Besprechungen über allgemeine
Problemstellungen aufgewandte Zeit.

Herrn Dr.-Ing. habil. Klaus Pöhlandt bin ich für die Durchsicht
sowie die Betreuung der Arbeit zu Dank verpflichtet.

Mein Dank gilt ferner Herrn Dipl.-Ing. Eckart Dannenmann für
die kritische Durchsicht meiner Ausführungen sowie den Mitar-
beiterinnen und Mitarbeitern des Instituts für Umformtechnik,
die zahlreich zum Gelingen dieser Arbeit beigetragen haben.

Die Mittel für die Durchführung der Untersuchungen wurden von
der Deutschen Forschungsgemeinschaft bereitgestellt, wofür an
dieser Stelle ebenfalls gedankt sei.

Stuttgart, Dezember 1988

                                        Michael Bauer

Inhaltsverzeichnis

Seite

Verzeichnis der wichtigsten Abkürzungen

A_k	–	Koeffizienten der Ansatzfunktion
B	–	Koeffizient des Restgliedes
B_k	–	Koeffizienten der Ansatzfunktion
C	N/mm^2	Werkstoffkonstante
$\bar{d}$	μm	mittlerer Korndurchmesser
D	Nmm	Plattensteifigkeit
D_{pl}	Nmm	Plattensteifigkeit für plastisches Werkstoffverhalten
DF	–	Gewichtungsgröße
D_0	N/mm^2	Konstante
D_1	mm^2	Konstante
E	N/mm^2	Elastizitätsmodul
E_{ij}	–	Komponente des Dehnungstensors
E_t	N/mm^2	Tangentenmodul
E_0	N/mm^2	Knickmodul
$\bar{f}(M)$	–	Fehlerfunktion
$f(\tau)$	–	Fehlerfunktion
F	$(mm^2/N)^2$	Anisotropieparameter
G	$(mm^2/N)^2$	Anisotropieparameter
H	$(mm^2/N)^2$	Anisotropieparameter
HV	–	Vickershärte
k_f	N/mm^2	Fließspannung
k_{fe}	N/mm^2	Fließspannung in der Blechebene
k_{fx}	N/mm^2	Fließspannungen in den Anisotropiehaupt-
k_{fy}	N/mm^2	richtungen
k_{fz}	N/mm^2	
k_{f0}	N/mm^2	Anfangsfließspannung
m	–	Faltenzahl
M	Nm	Drehmoment
M_{krit}	Nm	kritisches Drehmoment
M_{max}	Nm	maximales Drehmoment
n	min^{-1}	Drehzahl
n	–	Verfestigungsexponent
n_0	–	Exponent der Näherungskurve
N	N/mm	Kraft in der Mittelebene pro Längeneinheit
N	$(mm^2/N)^2$	Anisotropieparameter

p_k	–	Faktor
r	mm	Radius
r	–	senkrechte Anisotropie
$\bar{r}$	–	mittlere senkrechte Anisotropie
r'	mm	definierter Radius im freien Bereich der Platine ($r_i < r' < r_a$)
r_a	mm	Außenspannbackenradius
r'/r_a	–	Radienverhältnis
r_i	mm	Innenspannbackenradius
r_a/r_i	–	Radienverhältnis
$r_{i\,krit}$	mm	kritischer Innenradius
r_n	mm	kritischer Radius
r^*	mm	kritischer Radialabstand
R	–	Restglied
s	mm	Blechdicke
SM	–	Summenabweichung
S	–	Splinefunktion
t	s	Zeit
u	mm	Verschiebung
W_a	Nmm	äußere Arbeit
W_i	Nmm	innere Arbeit
$z(r,\vartheta)$	mm	Beulfläche
z_0	mm	reale Auslenkung
z_1^*	mm	Ansatzfunktion für die Beulfläche
z_2^*	mm	Ansatzfunktion für die Beulfläche
α	°	Winkel zur Walzrichtung
γ	–	Schiebung
$\dot{\gamma}$	s^{-1}	Schiebungsgeschwindigkeit
γ^*	–	Schiebung (aus Meßwerten abgeleitet)
ΔM	Nm	Meßunsicherheit im Drehmoment
Δr	–	ebene Anisotropie
Δr	mm	Radiusänderung
$\Delta r'$	mm	Unsicherheit im Meßradius
Δs	mm	Unsicherheit in der Blechdicke
$\Delta\vartheta$	rad	Winkelfehler
$\Delta x, \Delta y$	mm	Meßfehler in den Koordinaten der Spiralkurve
ε	–	Dehnung

$\dot{\varepsilon}_{ij}$	s^{-1}	Kompononenten des Formänderungs-geschwindigkeitstensors
η	–	Winkeländerung am Werkstoffelement
ϑ	rad	Verdrehwinkel
$\vartheta_{M'}$	rad	Verdrehwinkel bei festem Drehmoment M'
$\vartheta_{r'}$	rad	Verdrehwinkel bei festem Radius r'
ϑ^*	rad	Drehwinkel
λ	mm^2/N	skalarer Faktor
ν	–	Querkontraktionszahl
σ	N/mm^2	Spannung
$\sigma_1, \sigma_2, \sigma_3$	N/mm^2	Hauptspannungen
τ	N/mm^2	Schubspannung
τ^*	N/mm^2	Schubspannung (aus Meßwerten abgeleitet)
τ_{max}	N/mm^2	maximale Schubspannung
τ_{pl}	N/mm^2	Schubspannung an der Streckgrenze
φ	–	Umformgrad
ϕ	rad	Winkel zwischen Anisotropiehauptachsen und Spannungswirkrichtung
φ_b	–	Umformgrad in Blechebenenrichtung
φ_{krit}	–	kritischer Umformgrad
φ_s	–	Umformgrad in Blechdickenrichtung
φ_v	–	Vergleichsumformgrad

Bei der umformenden Bearbeitung von Blechen ist neben den klassischen Festigkeits- und Zähigkeitskennwerten naturgemäß das plastische Werkstoffverhalten von besonderem Interesse. Zur Kennzeichnung dieses Verhaltens wird im allgemeinen die Fließkurve $k_f(\varphi)$ angegeben. Diese legt den Wert der Fließspannung k_f fest, die unter einachsiger Beanspruchung zur Einleitung oder Aufrechterhaltung plastischen Fließens bei einem bestimmten Umformgrad φ (bzw. Vergleichsumformgrad φ_v) notwendig ist.

Die Kenntnis der Fließkurve gestattet in der Praxis, Bleche für bestimmte Verfahren auszuwählen, bzw. unterschiedliche Chargen zu vergleichen; dies wird ergänzt durch die Anwendung als Rechengrundlage für die Ermittlung von Umformarbeiten und -kräften zur Auslegung von Verfahren und Anlagen /1, 2/.
Mit zunehmender Bedeutung numerischer Simulationsverfahren in der Umformtechnik, bei denen das Werkstoffverhalten im wesentlichen durch die Fließkurve repräsentiert wird, wächst der Bedarf an verläßlichen Werkstoffdaten.

Die grundsätzlich experimentelle Ermittlung der Fließkurven von Blechwerkstoffen bereitet keine Schwierigkeiten, solange eine ausreichende Dicke zur Entnahme von massiven (Zug- oder Stauch-) Proben vorhanden ist /3, 4, 5/. Feinbleche mit einer Dicke unter 3 mm hingegen sind nur mit erheblichen Einschränkungen durch konventionelle Prüfmethoden erfaßbar.

Der einfach durchzuführende und deshalb weit verbreitete Flachzugversuch nach DIN 50 114 /6/ gestattet grundsätzlich die Aufnahme von Fließkurven und wird ebenfalls zur Bestimmung der für die Blechumformung wichtigen Anisotropiekenngrößen herangezogen. Das Auftreten von oft nicht senkrecht zur Zugrichtung verlaufenden örtlichen Einschnürungen beschränkt den Anwendungsbereich des Versuches jedoch auf Formänderungen, die je nach Werkstoff zwischen $\varphi_v = 0{,}1$ und $0{,}5$ und damit zum Teil deutlich unter den praktisch auftretenden liegen. Im Gegensatz zum Zugversuch an Rundstäben ist die Auswertung des Einschnür-

vorganges, zumindest mit üblichen Meßmethoden, nicht möglich
/7, 8/.

Erfahrungsgemäß genügen un- und niedriglegierte Stahlwerkstoffe
sowie Aluminiumlegierungen auch über die Gleichmaßformänderung
hinaus dem Ludwik-Hollomon-Ansatz /1/

$$k_f = C \, \varphi^n \tag{1}$$

(C = Werkstoffkonstante, n = Verfestigungsexponent).

Dieser Sachverhalt ermöglicht im allgemeinen eine Extrapolation
der im Flachzugversuch gewonnenen Meßreihe zu den gewünschten
Umformgraden. Seit 1984 liegt zur Bestimmung des in diesem
Zusammenhang erforderlichen Verfestigungsexponenten n das
Stahl-Eisen-Prüfblatt 1125 /9/ vor, das die Ermittlung über
mindestens 5 Kraft-Verlängerungs-Wertepaare durch eine lineare
Regression der logarithmierten Werte vorschlägt.
Neben den angesprochenen Werkstoffen gibt es nachgewiesener-
maßen austenitische Stähle /10/ und Kupfer-Zink-Legierungen
/11/, die schon im Bereich der im Zugversuch erfaßbaren Werte,
aber auch bei größeren Formänderungen deutliche Abweichungen
vom Ludwik-Hollomon-Verhalten aufweisen, weswegen eine Extrapolation in der angesprochenen Weise nicht sinnvoll erscheint.

In /3, 4/ wird eine alternative Vorgehensweise angegeben, die
die Prüfung bis zu höheren Umformgraden ermöglicht, ohne daß
Vorgaben bezüglich des Fließkurvenverlaufs gemacht werden müssen. Sie besteht in der Durchführung von Zugversuchen mit
definiert durch Walzen vorverfestigten Proben, an denen durch
Ermittlung der 0,2 % Dehngrenze (bzw. ersatzweise der Zugfest-
igkeit) die Fließspannung bestimmt wird. Die Fließkurve kann so
punktweise bis zu hohen Umformgraden aufgebaut werden. Eine
aufwendige Versuchsführung und die Verwendung verschiedener
Probekörper für die Ermittlung einer Fließkurve charakterisieren diese Verfahrensweise.

Aufgrund der kleinen Ausgangsdicke von Feinblechen sind der

Zylinderstauchversuch /1-4/ sowie der Flachstauchversuch /1-4/,
die beide eine kontinuierliche Messung der Dickenänderung vor-
aussetzen, beim Einsatz konventioneller Meßtechnik nicht an-
wendbar.
In /10, 4/ wurde ein Schichtstauchversuch mit ringförmigen
paketierten Zylinderstauchproben vorgeschlagen. Aufwendige Ver-
suchsvorbereitung und komplizierte Versuchsführung (Rei-
bungsproblematik) und -theorie schränken den praktischen Einsatz dieser Methode ein.

Die eingeschränkte Anwendbarkeit dieser einachsigen Versuche
sowie die in der Literatur vielfach geäußerte Forderung, daß
Fließkurven möglichst unter gleichen Spannungszuständen wie bei
praktisch auftretenden Verfahren aufgenommen werden sollen
/7, 13/ begründen die Suche nach verbesserten oder neuen Prüfverfahren.

Durch den hydraulischen Tiefungsversuch /14, 13/ werden die
Verhältnisse beim Streckziehen sehr gut simuliert, weshalb er
eine gewisse Verbreitung gefunden hat. Automatische Prüfein-
richtungen mit kontinuierlicher, direkt rechnerunterstützter
Datenerfassung und -verarbeitung sind im praktischen Einsatz.
Die maximal erreichbaren Vergleichsumformgrade liegen bei
$\varphi_V = 0,7$, wobei durch Verwendung vorgewalzter Bleche Werte bis
zu $\varphi_V = 1,0$ erzielt werden können /13/.
Die Ergebnisse weichen zum Teil stark von denen des Flach-
zugversuchs ab, was in der Hauptsache auf Anisotropieeinflüsse
zurückgeführt wird /13/. Eine Korrektur der Ergebnisse mit
Hilfe der r-Werte aus dem Zugversuch ist möglich, macht das
Verfahren jedoch aufwendiger.

Von Tekkaya wurde in /16/ ein linearer Scherversuch vorgeschlagen. Dem noch nicht experimentell erprobten Versuch liegt der
Gedanke zugrunde, einer Zugverformung durch schräge Einspannung
der Probe einen möglichst hohen Scherverformungsanteil zu über-
lagern. Theoretisch ist ein gegenüber dem Flachzugversuch er-
höhtes Formänderungsvermögen zu erwarten.
Miyauchi /19, 20/ berichtete in einigen Aufsätzen über einen

einfachen linearen Scherversuch, der in einer konventionellen Zugprüfmaschine durchgeführt werden kann. Ein großer Vorteil dieser Methode ist, daß ähnlich wie im Flachzugversuch die verschiedenen Richtungen in der Blechebene aufgelöst werden können. Blechwerkstoffe mit starker ebener Anisotropie können somit exakt beurteilt werden /18/. Der Versuch wird als vielversprechend aber noch nicht ausgereift bezeichnet, da die Versuchseinrichtung einige Mängel aufweise. Es werden keine näheren Angaben zur Versuchsauswertung gemacht, jedoch dürften ähnliche Probleme wie Störungen durch freie Berandung und Einspannung, auf die in /16/ hingewiesen wird, auftreten.

Aus der vorangegangenen Darstellung folgt, daß derzeit kein zuverlässiges Prüfverfahren zur Verfügung steht, das die Fließkurvenaufnahme an Feinblechen bis zu praxisnahen Umformgraden gestattet. Hieraus ergab sich die Aufgabe, den ebenen Torsionsversuch, der in /21, 22/ vorgestellt und in weiteren Veröffentlichungen /23-25 und 25-31/ behandelt wurde, auf diese Möglichkeit hin näher zu untersuchen.

Bereits 1961 stellte Marciniak /21/ das Prinzip des ebenen Torsionsversuches im Zusammenhang mit einer Untersuchung zum Bauschinger-Effekt vor. In dieser Arbeit wurden mit Liniennetzen versehene Kupferbleche durch Verdrehen in der Blechebene geprüft. Aus dem verformten Netz, das fotografisch erfaßt und vergrößert wurde, konnten durch Vermessen der verzerrten Linien die Formänderungen an den Netzpunkten ermittelt werden. Eine während des Versuches durchgeführte Drehmomentmessung ermöglichte die Bestimmung der Spannungsverteilung, so daß durch Zuordnung von Spannungs- und Formänderungswerten die Fließkurve des geprüften Werkstoffes punktweise bestimmt werden konnte. Zum Zweck der Untersuchung des Einflusses einer Verformungsumkehrung (Bauschinger-Effekt) wurden die Bleche nach einer bestimmten Verformung in die Gegenrichtung verdreht, wobei in den einzelnen Stadien die Verzerrung fotografiert und zugehörig die Drehmomente festgehalten wurden. Auf diese Weise konnten bei Betrachtung verschiedener Punkte auf der Platine Fließkurven aus unterschiedlicher Vorverformung gewonnen werden.
Da in unterschiedlichen Radialabständen verschiedene Spannungsgradienten vorliegen, wurde zur Überprüfung eines eventuellen Einflusses die Verdrehung stufenweise durchgeführt. Hierdurch konnte die Fließkurve auf zwei verschiedenen Wegen ermittelt werden: 1. durch die Betrachtung des Verlaufes einer verzerrten Linie und 2. aus der Verformung eines Werkstoffelementes auf der Platine über die vorgegebenen Zwischenstufen. Innerhalb der Meßunsicherheit des Verfahrens wurde kein Einfluß des Spannungsgradienten festgestellt. Durch die Belastungsumkehr konnten neben einer Herabsetzung der Fließspannung auch Veränderungen im Verfestigungsverhalten beobachtet werden. Zusammenfassend werden die Einflüsse, die auch durch Torsionsversuche an massiven Proben bestätigt wurden, als geringfügig bezeichnet, so daß ein isotropes Werkstoffmodell sogar bei Vorzeichenwechsel der Verformung in erster Näherung annehmbar erscheint /21/.
Im Jahre 1972 wurde der Versuch beim 7th Biennial Congress der IDDRG (International Deep Drawing Research Group) vorgestellt

/22/. Ziel seiner Anwendung war zu diesem Zeitpunkt vorrangig die Bestimmung der Versagensgrenze von Blechwerkstoffen, d.h. eines Wertes der Vergleichsformänderung, für den Werkstofftrennung eintritt. Wie bereits angesprochen, ist die Ermittlung einer solchen Größe im Zugversuch durch das Auftreten von Instabilitäten und damit in Zusammenhang stehenden komplizierten Spannungs- und Formänderungszuständen nicht möglich. Außer dieser Versagensgrenze wurde in /22/ ebenfalls die Bestimmung des Verfestigungsexponenten n aufgezeigt, der eine wichtige Kenngröße für die Streckziehfähigkeit eines Blechwerkstoffes darstellt /26/. Voraussetzung für den Auswertungsgang war ein Werkstoffverhalten entsprechend der Ludwik-Hollomon-Beziehung Gl.(1). Durch diese Annahme vereinfacht sich die Messung auf eine rein geometrische Bestimmung zweier Winkelmeßgrößen am Ende des Versuches (eine Drehmomentmessung ist nicht erforderlich). Die Herleitung der benötigten formelmäßigen Beziehungen ist in /22/ und /23/ dargestellt (siehe hierzu auch Abschn. 5.1).

Die Versuchsprobe wurde in einer eigens für diesen Zweck gebauten Versuchseinrichtung hydraulisch eingespannt und manuell verdreht, bis Werkstofftrennung erfolgte. Mit Hilfe zweier Meßtrommeln wurden die beiden Winkelmeßgrößen an verschiedenen Radien der Blechoberfläche erfaßt. Der geprüfte Blechdickenbereich wird mit 0,5 mm bis 1,25 mm angegeben. Es wird jedoch einschränkend für Aluminium- und Kupferwerkstoffe wegen der Neigung zur Faltenbildung eine Mindestblechdicke von 0,8 mm vorgeschrieben. Für nichtrostende Stähle wird eine maximale Blechdicke von 0,8 mm angegeben, da diese nicht befriedigend eingespannt werden konnten und dadurch während des Versuches abrutschten /23/. Die experimentellen Untersuchungen wurden für drei nicht näher definierte Stähle, einen Aluminium-, einen Kupfer- und einen Messingwerkstoff durchgeführt /21, 22/. Nach der Darstellung in einer Tabelle ergaben sich für die Stahlwerkstoffe zwischen 7 % und 20 % höhere n-Werte als im Zugversuch, während diejenigen für Kupfer und Messing ca. 5 % niedriger lagen. Ein abschließender Hinweis in /22/ galt den Vorteilen des ebenen Torsionsversuches. Neben einer guten Reproduzierbarkeit wurden die einfache Probenvorbereitung sowie die schnelle und einfache Versuchsdurchführung hervorgehoben. Besondere Bedeutung wird der Tatsache beigemessen, daß die Aufnahme der Fließkurve unter ähnlichen Verhältnissen wie beim Tiefziehen erfolgt.

Der Prüfmethode, wie sie Marciniak in /22, 23/ vorschlug, liegt ein starr-plastisches Werkstoffmodell zugrunde. Inwieweit diese Annahme die Ergebnisse beeinflußt, untersuchten Sowerby et al. mit Hilfe einer numerischen Simulation des ebenen Torsionsversuches /27/. Hierzu wurde ein linear elastisches - linear verfestigendes Werkstoffmodell angenommen. Neben tangentialen Bewegungen der Werkstoffelemente im freien Bereich der Versuchsprobe waren im Rechenmodell auch Radialbewegungen zugelassen, was beim Verfahren nach Marciniak nicht in Betracht gezogen wird.

Die Berechnungen wurden für eine ringförmige Prüfzone mit dem Verhältnis 20:10:1 von Außen- zu Innenradius zu Blechdicke vorgenommen.

Als Ergebnis der Untersuchungen wird hervorgehoben, daß die radiale Verschiebung auf der Platine zwar vorhanden, jedoch vernachlässigbar sei. Die Normalspannungen in radialer und tangentialer Richtung sind nicht wesentlich von Null verschieden, so daß der angenommene reine Schubspannungszustand gut erfüllt wird. Es ergab sich eine sehr gute Übereinstimmung der Rechenergebnisse mit der starr-plastischen Rechnung Marciniaks, solange die plastische Zone die Außeneinspannung nicht überschritt. Sonst muß mit Einflüssen der äußeren Einspannung gerechnet werden. Diese Voraussetzung wurde allerdings von Marciniak bereits gemacht /22, 23/.

Kastner und Misiolek /24/ veröffentlichten 1978 eine Arbeit, in der sie den ebenen Torsionsversuch zur Bestimmung des Rißbildungszeitpunktes beim Walzen vorschlugen. Hierzu wurden jedoch lediglich, wie von Marciniak eingeführt /22, 23/, die Formänderung beim Versagen sowie der n-Wert ermittelt und in die entsprechenden Formeln eingesetzt.

Eine andere Arbeit derselben Autoren /25/ befaßte sich mit einer neuen Möglichkeit der Fließkurvenbestimmung mit Hilfe des ebenen Torsionsversuches. Voraussetzung blieb allerdings ein Verfestigungsverhalten gemäß der Ludwik-Hollomon-Beziehung.

Aus den rein geometrischen Meßgrößen, die bei der Methode von Marciniak /22, 23/ ermittelt werden, läßt sich zwar der n-Wert bestimmen, die Fließkurve kann jedoch nicht ohne die Messung des Drehmomentes festgelegt werden, da die Konstante C in Gl.(1) nicht bekannt ist. Zur Bestimmung dieses Wertes wird ein Punkt der Fließkurve benötigt. Misiolek und Kastner schlugen vor, das benötigte Wertepaar durch einen Zugversuch an einem definiert vorgewalzten Blechstreifen zu ermitteln. Durch eine genau definierte Stichabnahme kann nach den bekannten Gleichungen die Vergleichsformänderung bestimmt werden - den zugehörigen Fließspannungswert erhält man durch Ermittlung der 0,2 %-Dehngrenze ($R_{p0,2}$). Experimentelle Untersuchungen wurden für Kupfer, Messing, eine Aluminium- und verschiedene Zinklegierungen durchgeführt, ohne daß die Ergebnisse diskutiert wurden. Die Autoren weisen darauf hin, daß das Verfahren wenig aufwendig und hinreichend genau sei, um den verfahrenstechnischen Anforderungen von Band- und Blechwalzwerken zu genügen. Tatsächlich sind jedoch zwei Werkstoffprüfversuche und ein zusätzlicher Walzvorgang durchzuführen.

Eine wesentlich einfachere Vorgehensweise besteht darin, während des Versuches eine Drehmomentmessung vorzunehmen, was von Pöhlandt und Tekkaya aufgegriffen wurde /28, 29/. Hierdurch läßt sich die Fließkurve, wie bereits in /21/ gezeigt, allein aus dem Torsionsversuch bestimmen. In /28, 29/ wird jedoch erstmals vorgeschlagen, analog zum Torsionsversuch an Rundstäben /32, 33/, das Drehmoment und den Verdrehwinkel kontinuierlich während des Versuches zu erfassen. Die Autoren geben eine Näherungsmethode zur Auswertung der Meßkurven an, da ihnen die streng mathematische Vorgehensweise problematisch erscheint. Grundsätzlich kann bei einer solchen Versuchsführung von der Voraussetzung des Ludwik-Hollomon-Ansatzes abgewichen werden, da jeder Punkt der Fließkurve einzeln berechnet wird. Die vorgeschlagene Näherungsmethode geht zunächst von einer Näherungslösung aus, die der Ludwik-Hollomon-Beziehung genügt. Aufgrund der Vorgabebedingung, daß sich die Schiebung für einen gegebenen Verdrehwinkel möglichst unempfindlich gegenüber Änderungen des n-Wertes verhält, wurde ein kritischer Radialabstand

r* definiert, für den die Meßgrößen linear in die Formände-
rungs- und Spannungsgrößen übertragen werden können. Die Möglichkeit einer Verallgemeinerung dieser Methode auf den Fall,
daß n keine Konstante ist, wird für zulässig gehalten. Weitere
Publikationen /30, 31/ geben eine modifizierte Auswertemethode
mit einer zweckmäßigeren Definition des kritischen Radius an,
wobei die Abweichungen gegenüber dem ursprünglich definierten
als gering eingeschätzt werden.
Als entscheidendes Kriterium wird der resultierende lineare
Zusammenhang zwischen Meß- und Ergebnisgrößen angesehen. Auf
Hintergründe dieser Auswertemethode wird an späterer Stelle
eingegangen (Abschn. 5.2.2.2).
In den Arbeiten /28-31/ werden die Anwendungsgrenzen des Torsionsversuches theoretisch aufgezeigt. Neben der Problematik
einer sauberen Drehmomenteinleitung wird die Neigung dünner
Bleche zur Faltenbildung angesprochen. Des weiteren gelten Hin-
weise in /29/ und /30/ der Beschaffenheit des zu prüfenden
Werkstoffes bezüglich Korngröße und Verfestigungsverhalten
(siehe Abschn. 7.1).
Zu den experimentellen Untersuchungen stand in /28-31/ eine
sowohl manuell als auch maschinell bedienbare Vorrichtung zur
Verfügung. Die Messung des Drehmomentes wurde über ein Hebel-
arm-Kraftmeßkörper-System, die Winkelmessung mit Hilfe einer
Lochscheibe mit einer Auflösung von 2° vorgenommen. Da sich für
Stahlwerkstoffe keine befriedigenden Ergebnisse einstellten,
wurden die Untersuchungen ausschließlich an Blechen aus
Al 98,7 w mit s = 1 mm durchgeführt.
Bei guter Reproduzierbarkeit wurde eine näherungsweise Übereinstimmung der Fließkurve mit dem Ludwik-Hollomon-Verhalten festgestellt. Verglichen mit dem Zugversuch lag der mittlere n-Wert
jedoch ca. 40 % niedriger /29/. Die Bestimmung der Vergleichsgrößen mit dem Fließkriterium nach v. Mises, das auch
Marciniak vorschlug, lieferte eine bessere Übereinstimmung mit
der Zugfließkurve als das Trescasche Kriterium. Dabei wird
betont, daß die Wahl zwischen diesen beiden Kriterien nur die
absolute Höhe der Fließspannung, nicht aber den relativen Verlauf der Fließkurve beeinflußt, der oft von größerem Interesse
ist /29/. Der Vergleich mit den Ergebnissen aus dem Flachzug-

versuch bestätigte die Erwartung, daß weit höhere Umformgrade erzielt werden konnten, wobei bis zur Gleichmaßdehnung eine gute Übereinstimmung der Kurvenverläufe, danach ein flacherer Verlauf der Torsionskurve deutlich wurde. Die Variation der Spannbackengeometrie im durchgeführten Umfang zeigte keinen Einfluß auf das Meßergebnis. Aufgrund des vernachlässigbaren Einflusses der Umformgeschwindigkeit konnte innerhalb der Fehlergrenzen kein Unterschied zwischen manueller und maschineller Verdrehung festgestellt werden. Hingegen wurde ein deutlicher Effekt der axialen Einspannkraft sichtbar. Dieser wird mit der zunehmenden Störung des Spannungszustandes und einem systematischen Drehwinkelfehler, der durch Relativbewegungen zwischen Blech und Einspannung zustande kommt, begründet. Diese in allen Fällen festgestellte Relativbewegung wurde als Hauptfehlerquelle eingeschätzt, wodurch eine abschließende Beurteilung des Versuches nicht möglich war. Mit Blechen einer Dicke $s \leq 0,5$ mm konnten wegen des Auftretens von Falten keine brauchbaren Resultate erzielt werden.

Neben den bereits erwähnten Vorteilen wird auf einen Nachteil des Versuches hingewiesen, der es nicht gestattet, Informationen über das Anisotropieverhalten zu gewinnen. Andererseits tritt beim ebenen Torsionsversuch im Gegensatz zu linearen Scherversuchen die Problematik einer Störung durch freie Berandung nicht auf, da stets eine gesamte Umfangslinie an der Verformung beteiligt ist.

Nachdem die in /28, 29/ vorgestellte neuartige Versuchsführung
mit kontinuierlicher Drehmoment-Verdrehwinkelmessung in Voruntersuchungen zu vielversprechenden Ergebnissen führte, bestand
die Aufgabe darin, auf der Basis dieser Erkenntnisse weiterfüh-
rende Untersuchungen durchzuführen, die sowohl theoretische
Aspekte wie Auswertetheorie und -methodik als auch die experimentelle Praxis einschließen sollten. Ziel war eine möglichst
umfassende Beurteilung der Anwendungsmöglichkeiten und -grenzen
des Versuches, was die bisher vorliegenden Veröffentlichungen
/21-31/ nicht in ausreichendem Maße gestatteten.
Zunächst stand die Beseitigung der wesentlichen Fehlerquellen,
wie sie im Rahmen der Voruntersuchungen festgestellt wurden, im
Vordergrund. Mängel der dort verwendeten Versuchseinrichtung
sollten mit der Konstruktion und dem Bau einer neuen, optimierten Anlage soweit möglich abgestellt, verbleibende Fehler analysiert und diskutiert werden.
Mit der Inbetriebnahme der neuen Versuchseinrichtung ergab sich
die Fragestellung, wie die aufgrund der komplizierten Zusammenhänge aufwendige Versuchsauswertung realisiert werden kann.
Nach Auffinden geeigneter Lösungsverfahren sollte die Auswertung als Grundlage für eine Anwendung in der Praxis möglichst
automatisch und zeitsparend durch Rechnerunterstützung erfolgen.
Eine systematische Variation aller Versuchsparameter im Experiment sollte Aufschluß über ihren Einfluß auf das Versuchsergebnis geben. Dabei bot sich der Vergleich der verschiedenen
Auswertemethoden an. Parallel sollten die resultierenden Fließkurven den Ergebnissen aus dem Zugversuch gegenübergestellt
werden.
Die theoretische und experimentelle Untersuchung der Anwendungsgrenzen sollte schließlich zu einem abgerundeten Bild führen, das Hinweise zur optimalen Versuchsführung im praktischen
Einsatz und zur möglichen Verbesserung geben kann.

3.1   PRINZIPIELLE FUNKTIONSWEISE

Dem zu prüfenden Blech wird eine Versuchsprobe entnommen und,
wie in Bild 1 gezeigt, eingespannt. Die Platine muß im praktischen Fall nicht notwendigerweise kreisrund sein. Bei ausreichender Größe kann die Außenkontur beliebig gewählt werden. Als
einfachste Probenentnahme wäre das Ausschneiden eines Vielecks
mit der Blechschere denkbar.

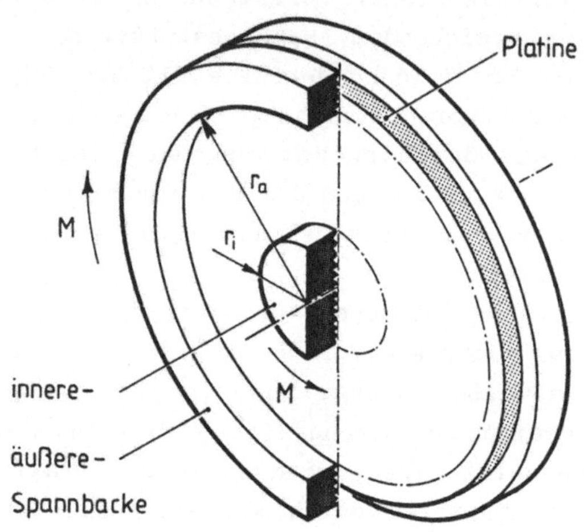

Bild 1: Prinzip des ebenen Torsionsversuches.

Wie in Bild 1 schematisch dargestellt, grenzen das ringförmige
Außenspannbackenpaar und das konzentrisch dazu angeordnete
Innenspannbackenpaar einen freien Bereich (zwischen r_i und r_a)
auf der Platine ab. Die Einleitung eines Drehmomentes über die
Außen- oder Innenspannung bei jeweils starrer Gegeneinspannung
erzeugt eine mit dem Radius hyperbelförmig abfallende Schubspannungsverteilung.
Entsprechend der wirksamen maximalen Schubspannung erfolgt bei
Erreichen der Fließgrenze zunächst am Innenrand ($r = r_i$) eine
plastische Scherverformung. Werden die Spannbacken weiter
gegeneinander verdreht, so breitet sich die plastische Zone

infolge der Kaltverfestigung in radialer Richtung aus. Die stark inhomogene Formänderungsverteilung stellt sich entsprechend dem Verfestigungsverhalten des geprüften Werkstoffes ein. Bei Erreichen der Grenze des Formänderungsvermögens erfolgt die Werkstofftrennung am Ort der maximalen Spannung, d.h. ringförmig entlang der Innenkante.

3.2 THEORIE ZUR VERSUCHSAUSWERTUNG

Ausgehend von idealen Versuchsbedingungen sowie den idealisierenden Annahmen der Isotropie und Homogenität des Werkstoffes liegt während des Versuches ein reiner Schubspannungszustand (Bild 2) vor, der im Spannungstensor für das zylindrische Koordinatensystem r, ϑ, z durch die Komponenten $\tau_{r\vartheta} = \tau_{\vartheta r}$ charakterisiert wird:

$$\sigma_{ij} = \begin{bmatrix} 0 & \tau_{r\vartheta} & 0 \\ \tau_{\vartheta r} & 0 & 0 \\ 0 & 0 & 0 \end{bmatrix}. \tag{2}$$

Mit dem damit verbundenen Zug-Druck-Hauptspannungszustand σ_1, σ_2 wird näherungsweise ein mittlerer Spannungszustand im Flansch eines Tiefziehteils simuliert.

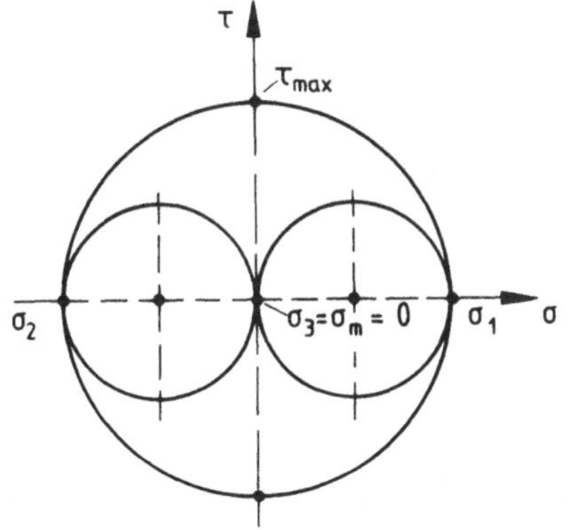

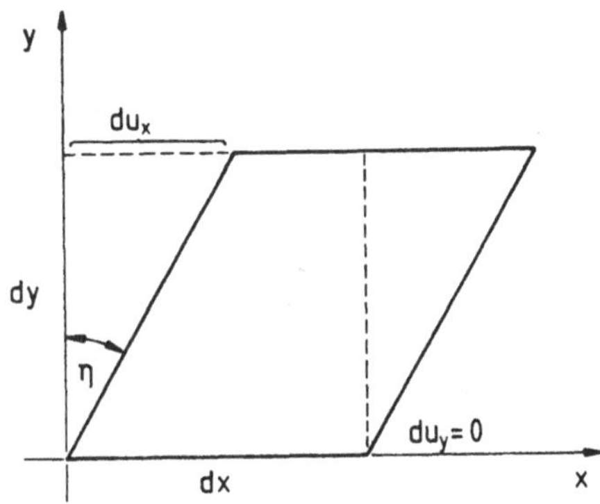

Bild 2: Mohrscher Spannungskreis für den reinen Schubspannungszustand.

Bild 3: Verformung eines Werkstoffelementes bei einfacher Scherung.

Aufgrund der Versuchskinematik ergibt sich unter Wirkung dieser Schubspannungen eine sogenannte einfache Scherverformung (simple shear /34-37/), die einen Spezialfall der ebenen Formänderung darstellt (Bild 3). Während bei infinitesimal kleinen Verformungen die Schiebung γ_{xy}, definiert als Winkeländerung $\eta \approx \tan \eta$ /38/, die einzige Komponente des Verzerrungstensors darstellt, existiert bei großen Formänderungen in der Blechebene eine zusätzliche Normaldehnungskomponente /38/

$$E_{ij} = 1/2 \ (\frac{\partial u_i}{\partial x_j} + \frac{\partial u_j}{\partial x_i} + \frac{\partial u_k}{\partial x_i} \frac{\partial u_k}{\partial x_j}) = 1/2 \begin{bmatrix} 0 & \tan \eta & 0 \\ \tan \eta & \tan^2 \eta & 0 \\ 0 & 0 & 0 \end{bmatrix} \qquad (3)$$

in y- ($\hat{=}$ x_2-) Richtung des Elementkoordinatensystems, die sich jedoch aus der Schiebung ableiten läßt. Die während der Verdrehung erfolgende Starrkörperdrehung wurde bei dieser Betrachtungsweise eliminiert. Zu jedem Zeitpunkt stimmen die Zylinderkoordinatenrichtungen des Gesamtsystems mit dem ursprünglichen x, y- ($\hat{=}$ x_1, x_2-) System (Bild 3) überein.

Aus den idealisierten Versuchsbedingungen resultiert, daß sowohl Spannungen als auch Formänderungen mit gleichem Radialabstand zur Drehachse als konstant angesehen werden können (Rotationssymmetrie), daß Dickenänderungen nicht auftreten sowie Radialbewegungen von Werkstoffelementen im freien Bereich ausgeschlossen sind.
Der Einfachheit halber soll in den folgenden Ausführungen auf die Indizes verzichtet und lediglich τ für $\tau_{r\vartheta}$ und γ für $\gamma_{r\vartheta}$ geschrieben werden.

3.2.1 Verzerrung von Radiuslinien

Eine beliebige Radiuslinie auf der Versuchsplatine verzerrt sich unter der Wirkung der Schubspannungen im Verlauf des Versuches kontinuierlich zu einer spiralenförmigen Kurve, wie in Bild 4 dargestellt. Dieser momentanen Form der verzerrten Radiuslinie ist ein bestimmter Drehmomentwert M' zugeordnet.

3.2.1.1 Berechnung der Schiebung

Ein Werkstoffelement erfährt während der Verdrehung der Platine
eine Formänderung, wie in Bild 4 angedeutet. Unter der oben
genannten Annahme einer einfachen Scherverformung gibt die
Steigung der Spiralenkurve ausreichende Information über die
lokale Formänderung. Diese Formänderung entspricht der Schiebung und ergibt sich im r, ϑ, z-Zylinderkoordinatensystem
aus:

$$\gamma(r) = \tan\eta = - r \, \frac{d\vartheta_{M'}(r)}{dr} . \qquad (4)$$

In dieser Betrachtungsweise werden elastische Formänderungen
vernachlässigt (starr-plastisches Werkstoffmodell).

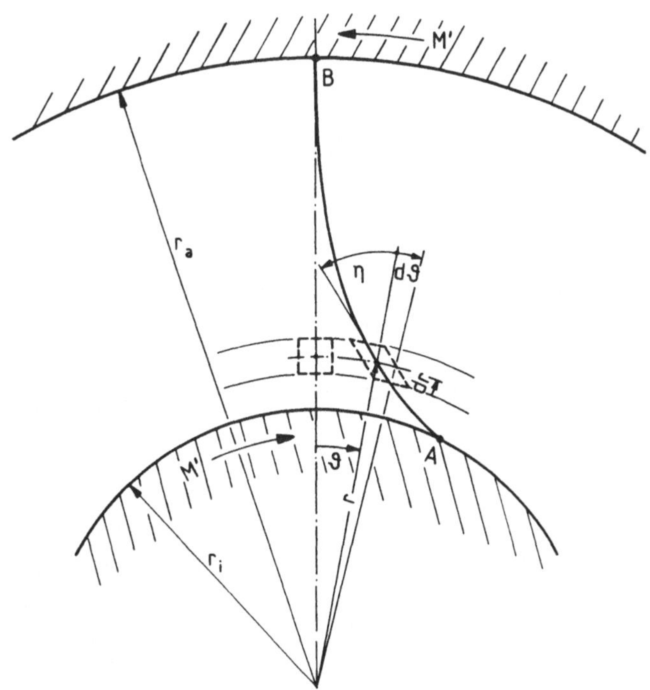

Bild 4: Verzerrung einer Radiuslinie.

3.2.1.2   Berechnung der Schubspannung

Da das Drehmoment zwischen Innen- und Außeneinspannung über den
freien Blechbereich übertragen wird, läßt sich die Schubspannungsverteilung mit Hilfe des Momentengleichgewichtes in den
kreiszylindrischen Scherflächen bestimmen.
Der hierzu benötigte diskrete Drehmomentmeßwert ist im allgemeinen das maximale Drehmoment M_{max}, bei dem der Versuch abgebrochen wurde. Dieser kann einer kontinuierlichen Momentenmeß-
kurve entnommen werden.
Für die Schubspannung ergibt sich folgende Beziehung:

$$\tau(r) = \frac{M_{max}}{2\pi sr^2} \quad . \tag{5}$$

Eine verzerrte Radiuslinie (Bild 4) enthält somit Informationen
über die Fließkurve $\tau(\gamma)$ bis zur maximalen Schubspannung

$$\tau_{max} = \frac{M_{max}}{2\pi sr_i^2} \quad . \tag{6}$$

Mit Hilfe des Drehmomentes und der örtlichen Steigung der
Spiralenkurve kann folglich jeder Punkt der Spirale einem Punkt
der Fließkurve zugeordnet werden.

3.2.2   Kontinuierliche Drehmoment-Verdrehwinkelkurve

Wird statt einer Spiralenkurve bei festem Drehmoment während
der Zeitdauer des Versuches ein fester Radius bei variablem
Drehmoment (r_i oder beliebiges r' mit $r_i < r' < r_a$, sinnvol-
lerweise in der Nähe des Innenradius) betrachtet, so kann zu
jedem Zeitpunkt ein Wertepaar (M,ϑ) gefunden werden. Bild 5
verdeutlicht dies anhand einer schematischen Darstellung der
Spiralkurve zu drei verschiedenen Zeitpunkten, wobei ideale
Einspannverhältnisse vorausgesetzt wurden. Im oberen Bildteil
wurde das Innenspannbackenpaar gegenüber der festen Außenein-

spannung verdreht; darunter ist der Fall starrer Innenbacken zu
sehen.

Werden die Wertepaare (M,ϑ) in ein Diagramm eingetragen, d.h.
wird in der Praxis in Analogie zum Torsionsversuch an Massivproben /32, 33/ eine kontinuierliche Drehmoment-Verdrehwinkelmessung durchgeführt, so ergibt sich eine Kurve wie in Bild 6
dargestellt.

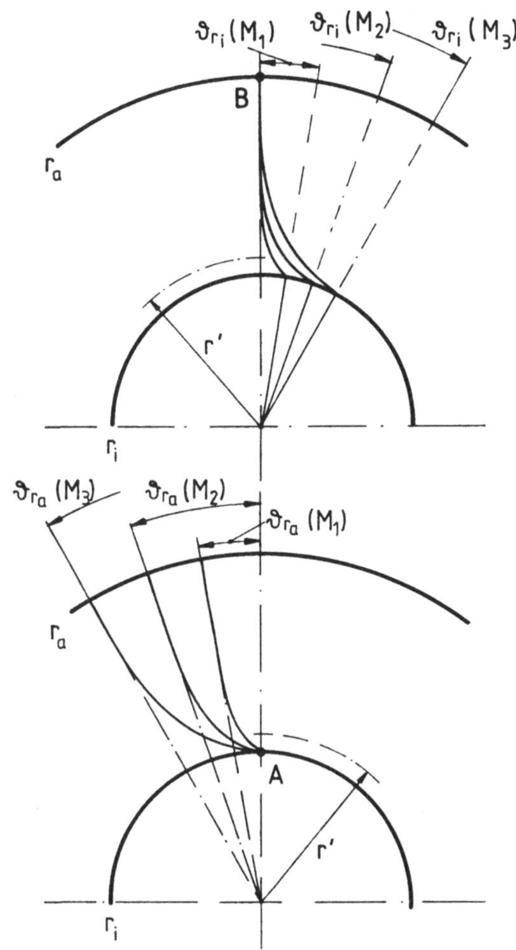

Bild 5: Veränderung des Spiralkurvenverlaufes bei variablem
Drehmoment.

3.2.2.1 Berechnung der Schubspannung

Die Berechnung der Schubspannung gestaltet sich auch im Falle
der kontinuierlichen Messung sehr einfach.
Gl.(3) behält für variables Drehmoment M und festen Radius r'
ihre Gültigkeit:

$$\tau(M) = \frac{M(\vartheta)}{2\pi\, s r'^2}. \qquad (7)$$

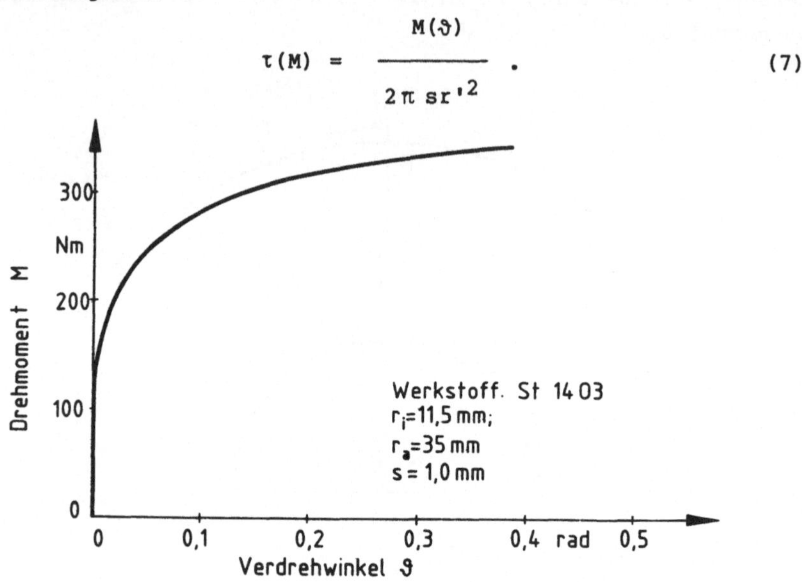

Bild 6: Drehmoment-Verdrehwinkelverlauf.

3.2.2.2 Berechnung der Schiebung

Während die Schiebung bei der Spiralenmethode sehr anschaulich
aus den geometrischen Verhältnissen bestimmt werden kann, ist
im Falle der M(ϑ)-Auswertung eine schwer durchschaubare mathematische Umformung der Grundgleichung notwendig.
Gl.(2) läßt sich nach Trennung der Variablen zum folgenden
Ausdruck integrieren:

$$\vartheta_{r1}{}^* - \vartheta_{r2}{}^* = \int_{r_1}^{r_2} \frac{\gamma}{r}\, dr \qquad (8)$$

mit $r_i < r_1 < r_2 < r_a$.

Bei der Spiralenauswertung wird durch das Ausrichten der Platine nach $\vartheta_{ra} = 0$ grundsätzlich der Verdrehwinkel ϑ erfaßt, vgl. Bild 4. Dies ist bei der kontinuierlichen Messung nicht immer der Fall. Die Winkelmeßgrößen können bei der kontinuierlichen Meßmethode Starrkörperdrehanteile enthalten, die keinen Beitrag zur Formänderung leisten. Sie werden deshalb im folgenden wie in Gl.(8) mit * gekennzeichnet und mit Drehwinkel statt Verdrehwinkel bezeichnet. Erst die Differenz der beiden Drehwinkel $\vartheta_{r1}{}^*$ und $\vartheta_{r2}{}^*$ ergibt den Verdrehwinkel ϑ_{r1} (s. Gl.(8)).

Für den Fall einer idealen Einspannung in den Punkten A und B (Bild 5) und einer Messung der relativen Verdrehung zwischen Innen- und Außeneinspannung reduziert sich der Ausdruck Gl.(8) auf

$$\vartheta_{ri} = \vartheta_{ri}{}^* - \overset{=\,0}{\cancel{\vartheta_{ra}{}^*}} = \int_{r_i}^{r_a} \frac{\gamma}{r}\, dr \tag{9}$$

bei Verdrehung der Innenbacken, bzw. auf

$$\vartheta_{ri} = \overset{=\,0}{\cancel{\vartheta_{ri}{}^*}} - \vartheta_{ra}{}^* = \int_{r_i}^{r_a} \frac{\gamma}{r}\, dr \tag{10}$$

bei Verdrehung der Außenbacken in gegensinniger Richtung (vgl. Bild 5).

Die Betrachtung eines beliebigen Radius r' erfordert im zweiten Fall die Messung von zwei Winkelgrößen, da in beide eine Starrkörperdrehung eingeht

$$\vartheta_{r'} = \vartheta_{r'}{}^* - \vartheta_{ra}{}^* = \int_{r'}^{r_a} \frac{\gamma}{r}\, dr, \tag{11}$$

während bei Verdrehung der Innenbacken eine Messung genügt (wie Gl.(9)).

Um aus der impliziten Gl.(8) die gesuchte Größe γ zu bestimmen, kann analog zur bekannten Vorgehensweise beim Torsionsversuch an Massivproben vorgegangen werden /39/. Allerdings liegt dort die Problematik in der Bestimmung der Schubspannung τ.

Der Ausdruck Gl.(8) wird nach dem Drehmoment differenziert. Hierzu ist eine Substitution der Integrationsvariablen und nachfolgend der Integrationsgrenzen nach Gl.(7) erforderlich:

$$\frac{d\tau}{dr} = - \frac{M}{\pi s r^3} \ . \tag{12}$$

Wird der Ausdruck für dr in Gl.(8) eingesetzt, kann die folgende Differentiation durchgeführt werden (s. Anhang 1 und /40/):

$$\frac{d(\vartheta_{r1}{}^* - \vartheta_{r2}{}^*)}{dM} = - \frac{d}{dM} \int\limits_{\tau_{r_1}}^{\tau_{r_2}} \frac{\gamma}{2\tau}\, d\tau \ . \tag{13}$$

Nach einer kurzen mathematischen Umformung ergibt sich

$$\gamma_{r1} - \gamma_{r2} = \frac{2\,M}{\dfrac{dM}{d(\vartheta_{r1}{}^* - \vartheta_{r2}{}^*)}} \ . \tag{14}$$

Da beim praktischen Versuch der Radius r_2 zweckmäßigerweise gleich dem Außenradius r_a gewählt wird, wo im allgemeinen keine plastischen Formänderungen auftreten, ergibt sich bei Vernachlässigung dieser Schiebung γ_{ra} am Außenrand

$$\gamma_{r'} = \frac{2\,M}{\dfrac{dM}{d(\vartheta_{r'}{}^* - \vartheta_{ra}{}^*)}} \tag{15}$$

als Bestimmungsgleichung für die Schiebung an einem beliebigen Radius r'.

Unter Einbeziehung des momentanen Drehmomentes bestimmt somit wiederum die Steigung der Meßkurve die Schiebung γ.

3.2.3 Vergleich der Auswertemethoden

Wie den Grundgleichungen in Abschn. 3.2.1 und 3.2.2 zur Berechnung der Schiebung entnommen werden kann, setzt die Theorie einen monoton steigenden Fließkurvenverlauf (eindeutige Zuordnung $\tau(\gamma)$) voraus, was für technisch relevante Werkstoffe bei Raumtemperatur angenommen werden kann.
Bei der Spiralenmethode wird der Endzustand eines Versuches betrachtet, für den durch das zugeordnete Drehmoment eine wohl definierte Schubspannungsverteilung vorgegeben ist. Eine bereichsweise fallende Fließkurve kann nicht erkannt werden, da niemals zwei gleiche Spannungswerte existieren können. Anders verhält sich die zeitlich aufgelöste Betrachtungsweise der kontinuierlichen Messung, bei der mit dem Abfall des Drehmomentes ein solches Verhalten sehr wohl registriert wird. Es wird allerdings nicht durch die vorgestellte Auswertetheorie erfaßt.

Bei Voraussetzung des starr-plastischen Werkstoffverhaltens, das der Auswertung zugrunde liegt und idealer Einspann- und Werkstoffgegebenheiten kann der Gesamtzusammenhang der Meßgrößen in Form einer Fläche im Raum wiedergegeben werden. Bild 7 zeigt den Zusammenhang zwischen Drehmoment M, Verdrehwinkel ϑ und dem Radius r exemplarisch für St 1403 bei Vorgabe der Fließkurve aus dem Zugversuch. Die beiden vorgestellten Auswertemethoden sind hier deutlich zu erkennen. Während die Spiralenverläufe sich als Höhenschnitte (M = konst) ergeben, erhält man die $M(\vartheta)$-Verläufe aus senkrechten Schnitten (r = konst). Die Auswertung einer dieser Kurven führt auf den $\tau(\gamma)$-Zusammenhang, der auf einer Zylindermantelfläche mit Erzeugenden parallel zur r-Achse liegt (Bild 8). In der zweidimensionalen Darstellung ergeben sich hierdurch zwar unterschiedlich lange, aber immer deckungsgleiche $\tau(\gamma)$-Kurven.

Treten reale Effekte wie z.B. unsaubere Einspannung auf, so sind die Zusammenhänge von seiten der Meßgrößen komplizierter

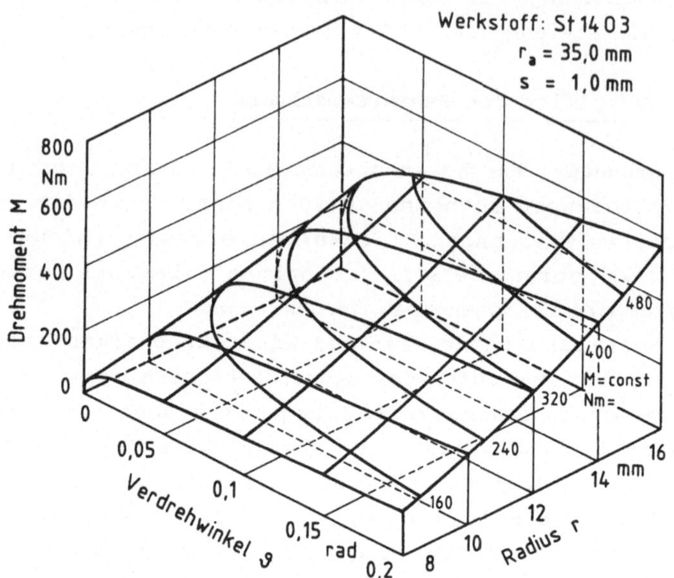

Bild 7: Meßkurven bei M(ϑ)- und Spiralenauswertung.

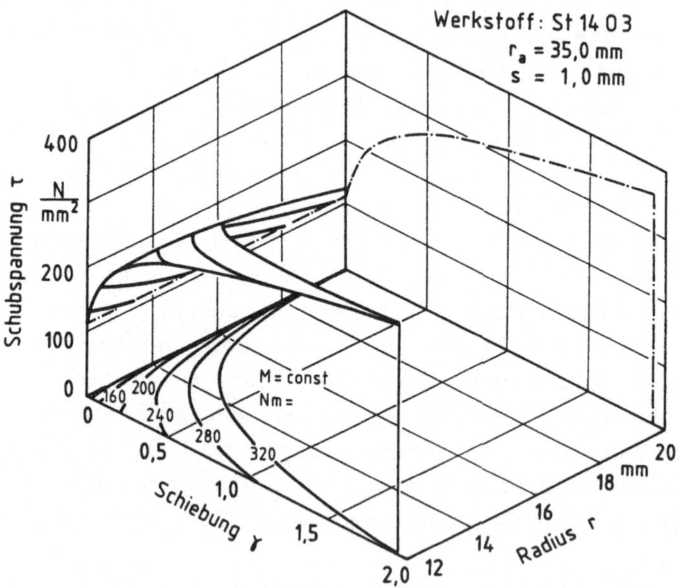

Bild 8: Fließkurve in Abhängigkeit von Radius und Drehmoment.

und müssen zunächst auf die dargestellte Form gebracht werden
(siehe Abschn. 5.2).

Grundsätzlich ist anzumerken, daß mit der nach der Entlastung
erfolgenden Spiralenvermessung elastische Effekte, sollten sie
bei der stark inhomogenen Verformung überhaupt als Rückfederung
auftreten, vernachlässigt werden. Bei der kontinuierlichen
Messung werden elastische Formänderungen mit erfaßt, jedoch bei
der Auswertung vernachlässigt.

3.2.4 Fließkriterien zur Berechnung der Fließkurve $k_f(\varphi)$

Die Auswertung der Meßgrößen beim ebenen Torsionsversuch (Drehmoment M und Verdrehwinkel ϑ_M,(r) oder ϑ_r,(M)) führt wie gezeigt auf eine Fließkurve $\tau(\gamma)$. Diese Abhängigkeit wird bei
einem zweiachsigen (ebenen) Spannungs- und Formänderungszustand
ermittelt, so daß erst die Anwendung eines Fließkriteriums die
Vergleichbarkeit mit dem einachsigen Zugversuch oder anderen
mehrachsigen Verfahren sowie die Grundlage zur praktischen
Anwendung der Versuchsergebnisse sicherstellt.

3.2.4.1 Isotropes Werkstoffverhalten

Bei Verwendung der Theorie nach v. Mises /41/ ergibt sich aus

$$k_f = \sqrt{1/2 \left[(\sigma_{rr} - \sigma_{\vartheta\vartheta})^2 + (\sigma_{\vartheta\vartheta} - \sigma_{zz})^2 + (\sigma_{zz} - \sigma_{rr})^2 + 6 (\tau_{\vartheta z}^2 + \tau_{zr}^2 + \tau_{r\vartheta}^2) \right]} \qquad (16)$$

für den reinen Schubspannungzustand $\sigma_{rr} = \sigma_{\vartheta\vartheta} = \sigma_{\vartheta z} = \tau_{\vartheta z} = \tau_{zr} = 0$

$$k_f = \sqrt{3}\,\tau. \qquad (17)$$

Die Problematik der Bestimmung einer Vergleichsformänderung
wurde in verschiedenen Arbeiten /34, 36, 42/ behandelt.
Ähnlich wie bei der Auswertung verzerrter Netzlinien bei einer
Formänderungsanalyse /43/ ist beim ebenen Torsionsversuch nur
der Anfangs- und Endverformungszustand eines Werkstoffelementes
bekannt. Da gezeigt werden kann, daß sich die Hauptdehnungs-
richtungen beim vorliegenden Fall der einfachen Scherverformung

mit dem Grad der Verformung ändern /35-37/, so daß kein Paar orthogonaler Richtungen orthogonal bleibt, ist die Beziehung für die Vergleichsformänderungsinkremente

$$d\varphi_v = \sqrt{2}/3 \sqrt{(d\varepsilon_{rr} - d\varepsilon_{\vartheta\vartheta})^2 + (d\varepsilon_{\vartheta\vartheta} - d\varepsilon_{zz})^2 + (d\varepsilon_{zz} - d\varepsilon_{rr})^2 + 6(d\varepsilon_{\vartheta z}^2 + d\varepsilon_{zr}^2 + d\varepsilon_{r\vartheta}^2)} \qquad (18)$$

einer einfachen Integration nicht zugänglich. Um für die Differenzen die Endverformungen setzen zu können, müssen ein konstantes Verhältnis der Hauptformänderungen sowie konstante Hauptachsrichtungen vorausgesetzt werden. Andernfalls sind Effekte der Verformungsgeschichte mit zu berücksichtigen, wozu bei großer plastischer Verformung über Dehnungsgeschwindigkeiten gerechnet wird.

Für die Vergleichsformänderungsgeschwindigkeit ergibt sich der Ausdruck /42/

$$\dot{\varphi}_v = \sqrt{2}/3 \sqrt{(\dot{\varepsilon}_{rr} - \dot{\varepsilon}_{\vartheta\vartheta})^2 + (\dot{\varepsilon}_{\vartheta\vartheta} - \dot{\varepsilon}_{zz})^2 + (\dot{\varepsilon}_{zz} - \dot{\varepsilon}_{rr})^2 + 6(\dot{\varepsilon}_{\vartheta z}^2 + \dot{\varepsilon}_{zr}^2 + \dot{\varepsilon}_{r\vartheta}^2)} \qquad (19)$$

mit den Komponenten des Formänderungsgeschwindigkeitstensors /38/

$$\dot{\varepsilon}_{ij} = 1/2 \left(\frac{\partial v_i}{\partial x_j} + \frac{\partial v_j}{\partial x_i} \right) . \qquad (20)$$

Die Gesamtvergleichsformänderung ergibt sich aus

$$\varphi_v = \int \dot{\varphi}_v \, dt . \qquad (21)$$

Im raumfesten Zylinderkoordinatensystem r, ϑ, z existiert für den gegebenen Fall der einfachen Scherverformung (Bild 3) nur eine von Null verschiedene Komponente in $\dot{\varepsilon}_{ij}$:

$$\dot{\varepsilon}_{r\vartheta} = \frac{\dot{\gamma}}{2} . \qquad (22)$$

Es ergibt sich somit nach Gl.(21) eine Vergleichsformänderung

$$\varphi_V = \frac{2}{\sqrt{3}} \int \frac{\dot{\gamma}}{2}\, dt = \frac{\gamma}{\sqrt{3}}, \qquad (23)$$

die die Verformungsgeschichte berücksichtigt. Dieses Ergebnis wird auch in /34/ und /36/ bestätigt, wobei Shrivastava et al. Widersprüche zu einigen davon abweichenden Herleitungen diskutieren.

Alle Herleitungen beziehen sich auf einen homogenen Formänderungszustand, der sicherlich im gegebenen Fall nicht vorliegt. Durch Verwendung der Steigungsinformation wird jedoch punktuell, d.h. infinitesimal ausgewertet, weshalb wieder Homogenität angenommen werden kann.

Die Theorie nach Tresca /41/ berücksichtigt bei der Berechnung der Vergleichsspannung lediglich die maximale Schubspannung, woraus sich für den ebenen Torsionsversuch

$$k_f = 2\tau \qquad (24)$$

ableitet. Zur Bestimmung der Vergleichsgröße für die Formänderung wird die größte Komponente des Dehnungstensors herangezogen. Der Vergleichsumformgrad ergibt sich somit aus

$$\varphi_V = \frac{\gamma}{2}. \qquad (25)$$

3.2.4.2 Anisotropes Werkstoffverhalten

Feinbleche werden ausschließlich durch Walzvorgänge hergestellt. Bei vielen Werkstoffen haben die sich daraus ergebenden Walztexturen ein ausgeprägt anisotropes Verhalten zur Folge, was aufgrund seiner unterschiedlichen Wirkung bei der Bearbeitung der Bleche durch Umformverfahren Beachtung finden muß.

Als Kenngröße für das anisotrope Verhalten wird üblicherweise die senkrechte Anisotropie /1, 44, 45/

$$r = \frac{\varphi_b}{\varphi_s} \qquad (26)$$

angegeben, die die Neigung eines Werkstoffes zur Dickenänderung kennzeichnet. Bekanntermaßen ist die senkrechte Anisotropie eine zur Beurteilung der Tiefzieheignung wichtige Größe /42, 26/. Neben diesem von der flächigen Ausdehnung des Bleches verständlichen Unterschied des Verhaltens in Blechdicken- und -ebenenrichtung treten in Abhängigkeit vom Winkel zur Walzrichtung oft unterschiedliche r-Werte in der Blechebene selbst auf. Dies wird durch die ebene Anisotropie Δr ausgedrückt:

$$\Delta r = (r_0 - 2r_{45} + r_{90})/2, \qquad (27)$$

wobei die Indizes den jeweiligen Winkel zur Walzrichtung angeben.
Zur Charakterisierung eines gemittelten anisotropen Verhaltens wird die mittlere senkrechte Anisotropie

$$\bar{r} = (r_0 + 2r_{45} + r_{90})/4 \qquad (28)$$

herangezogen.

Infolge des anisotropen Verhaltens von realen Blechwerkstoffen werden bei der Auswertung von $\tau(\gamma)$-Beziehungen unter Annahme isotropen Werkstoffverhaltens die Vergleichsgrößen fehlerbehaftet ermittelt. Dies wird durch folgende theoretische Betrachtung verdeutlicht.
Das von Hill /46/ allgemein angegebene Fließkriterium für anisotropes Fließen, welches für isotropes Verhalten auf das Fließkriterium nach v. Mises führt, reduziert sich für einen ebenen Spannungszustand ($\sigma_z = \tau_{xy} = \tau_{yz} = 0$) auf:

$$G\sigma_x^2 + F\sigma_y^2 + H(\sigma_x - \sigma_y)^2 + 2N\tau_{xy}^2 = 1 \qquad (29)$$

mit $\sigma_x = -\sigma_y = -\tau \sin 2\phi$; $\tau_{xy} = \tau \cos 2\phi$ für den reinen

Schubspannungszustand, wobei Φ den Winkel zwischen den Anisotropiehauptachsen und der jeweiligen Spannungswirkrichtung
charakterisiert.

Die Anisotropieparameter F, G, H und N können in der folgenden
Form mit den Fließspannungen in Richtung der Anisotropiehauptachsen in Beziehung gesetzt werden:

$$2F = \frac{1}{k_{fy}^2} + \frac{1}{k_{fz}^2} - \frac{1}{k_{fx}^2}$$

$$2G = \frac{1}{k_{fx}^2} + \frac{1}{k_{fz}^2} - \frac{1}{k_{fy}^2} \tag{30}$$

$$2H = \frac{1}{k_{fx}^2} + \frac{1}{k_{fy}^2} - \frac{1}{k_{fz}^2}$$

$$2N = \frac{1}{2k_{fxy}^2} \; .$$

Den Zusammenhang zwischen Spannungen und Formänderungsinkremen-
ten geben die Gleichungen des Fließgesetzes:

$$d\varepsilon_x = - \, \tau \, d\lambda \, (G + 2H) \, \sin 2\Phi$$

$$d\varepsilon_y = \quad \tau \, d\lambda \, (F + 2H) \, \sin 2\Phi$$

$$d\varepsilon_z = \quad \tau \, d\lambda \, (F - G) \, \sin 2\Phi \tag{31}$$

$$d\varepsilon_{xy} = \quad \tau \, d\lambda \, N \, \cos 2\Phi \; .$$

Aus den Gln.(31) wird deutlich, daß bei anisotropem Verhalten
der ebene Formänderungszustand in einen dreiachsigen übergeht,
so daß nun Dickenänderungen auftreten. Im Experiment ist somit

ebenfalls mit Dickenänderungen zu rechnen, wenn anisotrope
Werkstoffe geprüft werden.

Bei der Scherverformung drehen sich die Anisotropiehauptachsen,
wodurch sich der Winkel zwischen den Spannungs- und Formände-
rungshauptachsen ständig verändert. Dieser Drehwinkel ist
schwer abzuschätzen.

Da das Drehmoment als spannungscharakterisierende Größe integral über alle Richtungen gemessen wird, und der ebene Torsionsversuch ohnehin über alle Richtungen in der Blechebene
mittelt, erscheint es nicht sinnvoll, bei der Versuchsauswertung im Nachhinein in verschiedene Richtungen aufzulösen. Zur
Interpretation der Ergebnisse soll deshalb vereinfachend die
ebene Anisotropie vernachlässigt werden.

Im weiteren wird von einer rotationssymmetrischen (normalen)
Anisotropie mit der mittleren senkrechten Anisotropie $\bar{r}$ ausgegangen. Für diesen Fall ergeben sich die folgenden Zusammenhänge zwischen den Anisotropieparametern:

$$F = G \; ; \; N = F + 2H$$

oder

$$2F = 2G = \frac{1}{k_{fz}^2} \quad ; \quad 2H = \frac{2}{k_{fe}} - \frac{1}{k_{fz}^2} \tag{32}$$

$$N = \frac{2}{k_{fe}^2} - \frac{1}{2}\frac{1}{k_{fz}^2} \quad \text{mit} \quad k_{fe} = k_{fx} = k_{fy} \; .$$

Wie aus den Gln.(31) zu entnehmen, verschwindet für diesen
ebenfalls idealisierten Fall die Dehnung ε_z, wodurch wieder ein
ebener Formänderungszustand vorliegt. Der Winkel zwischen Form-
änderungs- und Anisotropiehauptachsen in der Blechebene ist in
diesem Fall nicht relevant, während die dritte Hauptachse ohnehin stets senkrecht zur Blechebene bleibt.

Wird das Verhältnis der Fließspannung in Blechebenen- zu der in
Blechdickenrichtung $k_{fe}/k_{fz} = k$ gesetzt /47/, so ergibt sich

mit den Gln.(30) aus Gl.(29) für die Vergleichspannung:

$$k_f = \sqrt{\sigma_x^2 + \sigma_y^2 - (2 - k^2)\,\sigma_x\sigma_y + 2(2 - k^2/2)\,\tau_{xy}^2} \; . \qquad (33)$$

Der r-Wert in Abhängigkeit vom Winkel zur Walzrichtung ergibt sich nach /46/ aus folgendem Zusammenhang:

$$r = \frac{H + (2N - F - G - 4H)\,\sin^2\alpha\,\cos^2\alpha}{F\,\sin^2\alpha + G\,\cos^2\alpha} \; . \qquad (34)$$

Die Annahme

$$r_0 = r_{45} = r_{90} = \bar{r} \qquad (35)$$

und Gl.(34) führen auf:

$$\bar{r} = \frac{2}{k^2} - 1 \; . \qquad (36)$$

Somit ergibt sich für die Fließspannung in Abhängigkeit vom r-Wert:

$$k_f = \sqrt{\sigma_x^2 + \sigma_y^2 - \frac{2\bar{r}}{\bar{r} + 1}\,\sigma_x\sigma_y + \frac{2(2\bar{r} + 1)}{\bar{r} + 1}\,\tau_{xy}^2} \; . \qquad (37)$$

Für den reinen Schubverformungszustand folgt aus Gl.(37):

$$k_f = \tau\,\sqrt{\frac{2(2\bar{r} + 1)}{\bar{r} + 1}} = \tau\,\sqrt{3}\,\sqrt{\frac{2(2\bar{r} + 1)}{3(\bar{r} + 1)}} \; . \qquad (38)$$

Im Vergleich zum isotropen Fall erhöht sich die Fließspannung somit bei r-Werten größer 1,0 und erniedrigt sich entsprechend bei r-Werten kleiner 1,0. Für r = 1,0 ergibt sich die Beziehung nach v. Mises.
Da die zugeführte äußere Arbeit gleich der plastischen Arbeit

ist, unabhängig davon, ob isotrop oder anisotrop ausgewertet wird, ergibt sich für die Vergleichsformänderung der Kehrwert des Faktors aus Gl.(38), d.h.:

$$\varphi_v = \frac{\gamma}{\sqrt{3}} \sqrt{\frac{3(\bar{r} + 1)}{2(2\bar{r} + 1)}} \ . \tag{39}$$

Sie sinkt damit für r-Werte größer 1,0 bei steigender Fließspannung um den entsprechenden Prozentsatz ab.

Werden die im Flachzugversuch ermittelten r-Werte zur Auswertung des ebenen Torsionsversuches herangezogen, so können nach den oben beschriebenen Beziehungen Korrekturen des Fließkurvenverlaufes vorgenommen werden.

4 VERSUCHSANLAGE

4.1 AUFBAU

Zur Durchführung des ebenen Torsionsversuches wurde eine Versuchseinrichtung konstruiert und gebaut, deren Aufbau im Bild 9 schematisch dargestellt ist.

Die Versuchsprobe wird von einem Zentrierstift an der Innenspannbacke aufgenommen und hydraulisch eingespannt. Hierbei wird durch Betätigung des inneren Hydraulikzylinders die ganze rechte Hälfte des Spannkörpers verfahren, bis eine leichte Anpreßkraft die Platine im Innenspannbereich fixiert. Ein in dieser Stellung betätigter berührungsloser Endschalter löst die nächste Spannfunktion aus.
Der Außenspannzylinder, der bisher vom Innenzylinder mechanisch mitgenommen wurde, wird ebenfalls mit Öldruck beaufschlagt und klemmt das Blech im Außenbereich. In dieser Position gibt ein weiterer Endschalter das Arbeitsventil frei, so daß die gewünschte Einspannkraft über den Arbeitsdruck an einem Manometer eingestellt werden kann. Falls dieser bereits voreingestellt wurde, wird der Druck automatisch aufgebracht. Der Arbeitsdruck kann stufenlos von 10 bis 150 bar erhöht werden, was einer Einspannkraft von 5 bis 75 kN entspricht.
Nach Abschluß des Spannvorganges wird der Versuch manuell gestartet. Ein Stirnradgetriebemotor mit einem maximalen Drehmoment von M_{max} = 1570 Nm treibt den verzahnten linken äußeren Spannkörper mit einer Drehzahl n = 2,1 min^{-1} an. Eine zwischengeschaltete Rutschkupplung ermöglicht die Voreinstellung eines maximalen Drehmomentes.
Die Innenspannbacken bleiben starr; sie sind jeweils durch einen Hebelarm gegengelagert. Durch die beidseitige Abstützung wird gewährleistet, daß die beiden Innenspannflächen jeweils etwa die Hälfte des Drehmomentes aufnehmen. Hierdurch sinkt die Gefahr des Abrutschens, und eine zusätzliche Scherverformung über der Blechdicke wird vermieden.
Der Abbruch des Versuchs wird wiederum manuell ausgelöst.
Ein zusätzlich installierter Schalter gestattet die Umkehrung

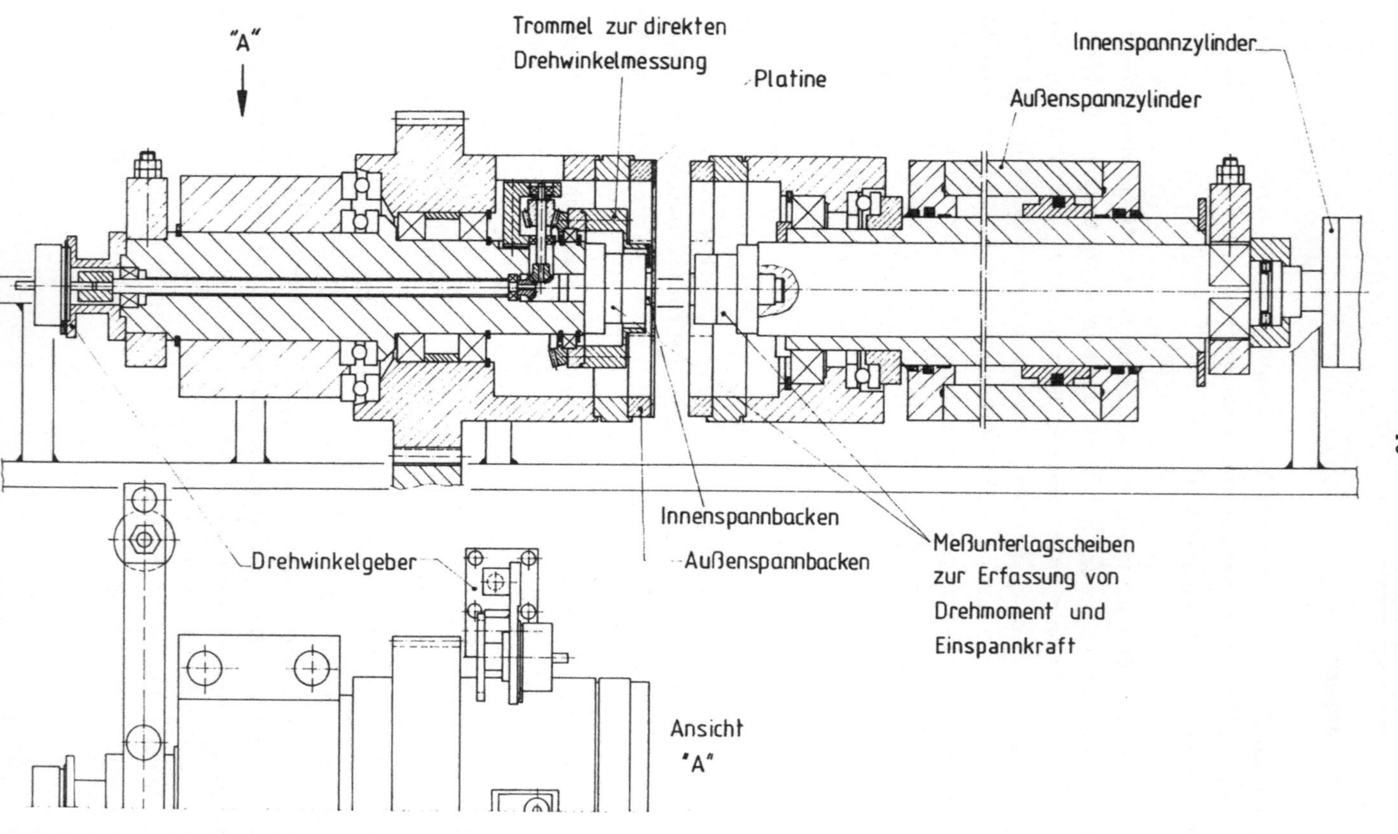

Bild 9: Schematische Darstellung der Torsionsprüfeinrichtung.

der Drehrichtung, so daß der Außenspannkörper in beliebige
Positionen zurückgefahren werden kann.
Bild 10 zeigt die in Bild 9 nur schematisch dargestellte Ver-
drehvorrichtung mit den oben beschriebenen Elementen.

Bild 10: Verdrehvorrichtung zur Durchführung des ebenen Torsionsversuches.

4.2 SPANNELEMENTE

Der Auslegung der Spannelemente kommt eine sehr große Bedeutung
zu. Dies bezieht sich vor allem auf die Ausführung der Innenspannbacken, die mit kleinem Hebelarm und kleiner Kontaktfläche
ein entsprechendes Drehmoment zu übertragen in der Lage sein
müssen. Hierbei ist anzustreben, daß eine möglichst kleine
Anpreßkraft eine möglichst hohe Drehmomentübertragung gestattet.
Die für die Untersuchungen verwendeten Spannbacken wurden für
den Großteil der Experimente,wie in Bild 11a dargestellt,ausge-
führt. Dabei wurden näherungsweise radiale Rillen eingebracht,
die möglichst keinen Werkstoff in radialer Richtung verdrängen.

Die Verdrängung erfolgt hauptsächlich senkrecht zu den Rippen, solange gewährleistet ist, daß der verdrängte Werkstoff in den Tälern aufgenommen werden kann.

Die Platine wird somit durch plastisches Eindringen des Oberflächenprofils eingespannt, wobei die damit eintretende Verfestigung im Spannbereich das übertragbare Drehmoment erhöht.

Zur Variation der Spanngeometrie wurden Spannbacken mit r_i = 7,5 mm, 11,5 mm und 20 mm und Außenbacken mit r_a = 35 mm und 80 mm eingesetzt.

Alternativ zu der oben beschriebenen Ausführung wurden exemplarische Untersuchungen mit gekreuzten Rillen durchgeführt, die eine Oberflächenstruktur mit pyramidenförmigen Erhebungen ausbilden (Bild 11b).

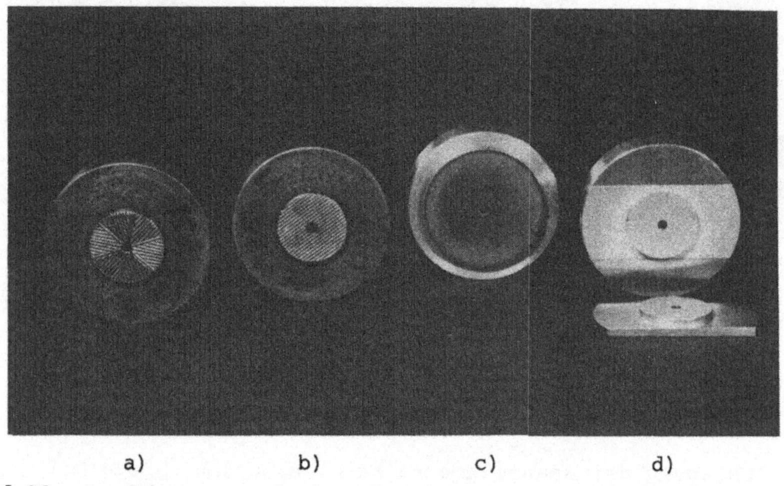

a)   b)   c)   d)

Bild 11: Ausführungsvarianten der Innenspannbacken.

Der Versuch, das Drehmoment kraftschlüssig über Reibbeläge zu übertragen (Bild 11c), schlug fehl. Zum einen werden sehr hohe Normalkräfte benötigt, um entsprechende Reibkräfte zu erzeugen - hierdurch wird beim Einspannen der Platine der Werkstoff ähnlich wie beim Eindringen eines ebenen Stempels plastifiziert und radial verdrängt, was das Ergebnis stark verfälscht - zum anderen verlagert sich die plastische Zone durch den fehlenden Formschluß im Randbereich der Inneneinspannung nach innen. Dies

hatte zur Folge, daß nahezu die gesamte Verformung unter der
Spannbacke stattfand, da die Spannung reziprok zum Quadrat des
Radius ansteigt. Die Verhältnisse unter der Spannbacke sind
jedoch nicht quantifizierbar, zumal der elastische Reibbelag
zum Ausbauchen neigt und somit keinesfalls von einer gleich-
mäßigen Spannungsverteilung ausgegangen werden kann.
Zur vollständigen Eliminierung der Einspannkraft wurden einige
Versuche mit aufgeklebten Innenspannbacken durchgeführt. Kon-
struktiv wurde diese Problematik, wie in Bild 11d gezeigt,
gelöst. Die eigentlichen Spannbacken, plättchenförmige Elemente
aus Stahl, wurden vor dem Versuch beidseitig auf die Probe
geklebt. Ein Paßstift übernahm dabei die Zentrierung, wobei die
parallele Ausrichtung der Plättchen in der Versuchsanlage erfolgte.
Die mit Paßnuten versehenen Aufnahmekörper hatten die gleiche
Form wie die regulären Spannbacken (Bild 11d).
Zur Klebung wurde ein bei 80°C heißaushärtender Einkomponenten-
kleber verwendet. Allerdings konnten erst durch leichtes Sand-
strahlen der Spannbacken und des Spannbereiches auf der Platine
(restliche Oberfläche abgeklebt) ausreichende Haftbedingungen
für den Kleber geschaffen werden, die den auftretenden Drehmomenten standhielten. Aber auch dann konnten lediglich Untersuchungen an weichem Reinaluminiumwerkstoff durchgeführt werden. Die Versuche wurden ohne das Aufbringen einer Einspannkraft durchgeführt.

4.3.   MESSELEMENTE, MESSAUFBAU

4.3.1   Drehmomentmessung

Zur Drehmomentmessung wurden Zweikomponenten-Quarzmeßscheiben
verwendet, die, direkt unter den Innenspannbacken angebracht
(Bild 12), auch die Messung der axialen Einspannkraft gestatte-
ten. Die Aufnahme des Drehmomentes erfolgt durch reine Haftrei-
bung, wobei die dazu notwendige Normalkraft mittels axialer
Verschraubung aufgebracht wird.
Eine ursprünglich ins Auge gefaßte Drehmomentmessung über ein
Hebelarm-Kraftmeßscheibe-System erwies sich als fehlerbehaftet,

da vor allem bei höheren Einspannkräften Momentenverluste auftraten.

Die Meßscheiben (Typ: Kistler 9065) gestatten die Messung eines
maximalen Drehmomentes von M_{max} = 400 Nm (je Meßscheibe 200 Nm)
bei einer Vorspannung von 120 kN. Vom Hersteller wird eine
Linearität von ± 0,3 % angegeben.

Infolge des begrenzten Bauraumes und der nachträglichen konstruktiven Auslegung der Spannkörper konnte lediglich eine
Schraube zur Vorspannung vorgesehen werden. Die Vorspannung
wurde auf 30 bis 40 kN eingestellt, und der fehlende Anteil,
der entsprechend dem Drehmoment durch lineare Interpolation
errechnet wurde, durch die Einspannkraft aufgebracht.

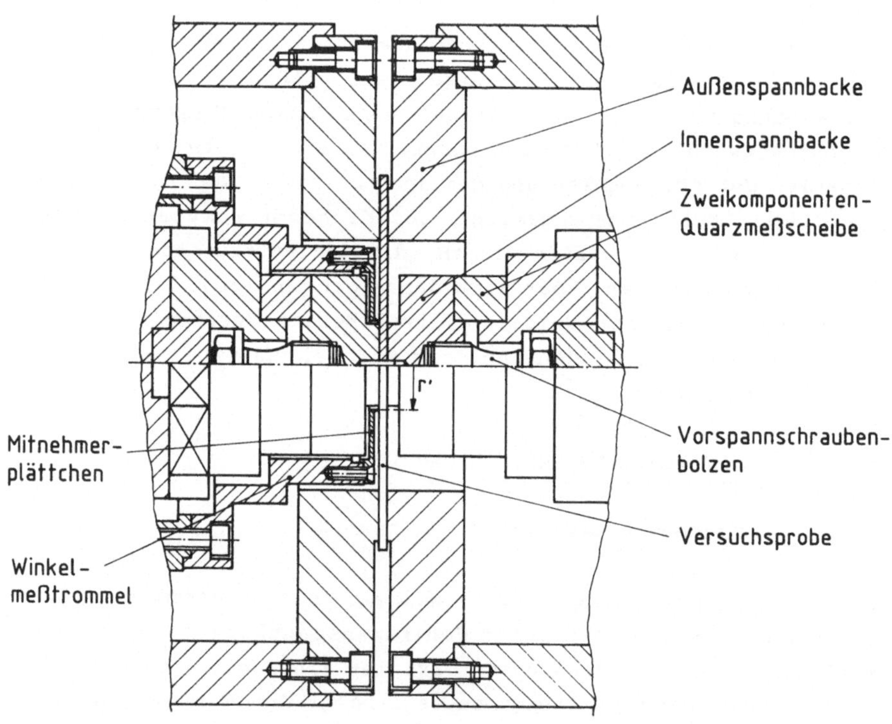

Bild 12: Schematische Darstellung der Spann- und Meßelemente im
Arbeitsraum der Torsionsprüfeinrichtung.

Wird die nach Herstellerangaben 50%ige Sicherheit gegen Durchrutschen zusätzlich ausgenutzt, so ergibt sich bei einer möglichen Überlast von 20 % ein maximales Drehmoment von ca. 480 Nm.
So konnten auch Werkstoffe mit höheren Festigkeiten bei relativ
geringen Einspannkräften geprüft werden, ohne daß mit einem
Durchrutschen der Scheiben gerechnet werden mußte.
Dennoch wurde die Leistung der Maschine nur zu einem kleinen
Teil genutzt. Infolge der oberen Grenze des maximalen Drehmomentes konnten für manche Werkstoffe bestimmte Parameterkombinationen, die Momente über 480 Nm erforderlich machten, nicht
realisiert werden. Meßscheiben mit besser geeignetem Meßbereich
und entsprechenden Abmessungen waren auf dem Markt nicht zu
finden.

Mit dem Einbau der Meßscheiben direkt unter den Spannbacken
konnten jegliche Drehmomentverluste ausgeschlossen werden.
Allerdings machte dies den Wechsel der Spannbacken erheblich
aufwendiger, da die Verschraubung jedesmal gelöst und anschließend wieder vorgespannt werden mußte. Die Kabelführung
aus dem Arbeitsraum heraus zu den Meßverstärkern hatte zur
Folge, daß nach einigen Versuchen die äußeren Spannbacken
zurückgedreht werden mußten.

4.3.2   Winkelmessung

Während des Torsionsversuches werden zwei Winkelgrößen kontinuierlich erfaßt.
Der Drehwinkel der angetriebenen Außenspannbacken relativ zur
starren Inneneinspannung wird mit Hilfe eines Reibrades, das am
linken äußeren Spannkörper abrollt (Bild 9), auf einen Poten-
tiometerwinkelgeber (Typ: TWK 205) übertragen. Dabei wird das
mit einer aufvulkanisierten Hartgummilauffläche versehene Reib-
rad durch ein Hebel-Federsystem mit geringer Kraft an den
Außenzylinder angedrückt. Ein Übersetzungsverhältnis von 1:3
gestattet es, die Meßgröße bei einer Linearität des Winkelge-
bers von 0,05 % auf 0,06° aufzulösen. Einige Kontrollversuche
bestätigten eine schlupffreie Übertragung.
Zusätzlich wird durch ein etwas aufwendigeres mechanisches

System ein zweiter Drehwinkel direkt vom Blech abgenommen. Ein auf einer drehbar gelagerten Meßtrommel angebrachtes kreisförmiges Wechselplättchen greift mit mehreren auf einem definierten Radius ($r' = r_i + 0,5$ mm) liegenden Mitnehmerspitzen auf das Blech (Bild 12). Über einen Zahnkranz wird die Winkelmeßgröße auf ein leicht laufendes Kunststoff-Kegelradgetriebe übertragen, auf dessen Abtriebswelle ein zweiter Potentiometerdrehwinkelgeber den Drehwinkel registriert. Eine Übersetzung von 1:5 gestattet die Auflösung des Winkels in $0,035^O$-Schritte. Aus Gründen der Kabelführung kann hier nur ein maximaler Winkel von 45° erfaßt werden, was sich jedoch als ausreichend erwies.

4.3.3   Meßaufbau

Bild 13 zeigt schematisch den Meßaufbau zur Durchführung des Torsionsversuches.
Die von den Quarz-Drehmomentmeßscheiben erzeugten elektrischen Ladungen werden über Ladungsverstärker in meßsignalanaloge elektrische Spannungen umgesetzt. Während des Prüfvorganges wird deren Summenwert kontinuierlich von einem Transientenrecorder (Typ: Krenz 4010) aufgezeichnet. Das gleiche geschieht in zwei weiteren Kanälen mit den Gleichspannungssignalen der durch 10V-Konstantspannungsquellen gespeisten Drehwinkelgeber. Die Analog-Digital-Wandler-Module des Transientenrecorders gestatten bei einer 12 bit Auflösung eine wahlweise Einstellung der Abtastrate von 5 µs bis 50 ms, wobei wahlweise ein Speicherplatz von 4 oder 8 k-Bytes pro Kanal zur Verfügung steht.

Der relative Drehwinkel zwischen Außen- und Inneneinspannung dient als Triggersignal zur Auslösung des Meßdatenerfassungsvorganges, da dieser aufgrund der konstanten Antriebsgeschwindigkeit immer gleichförmig ansteigende Signale liefert.
Über ein Voltmeter kann die axial wirkende Einspannkraft abgelesen werden. Exemplarische Versuche zeigten, daß sich diese sehr genau und reproduzierbar durch das Manometer einstellen läßt; daher wurde im allgemeinen auf eine derartige Messung verzichtet.
Sämtliche Meßkurven können zunächst auf einem Oszilloskop, aber

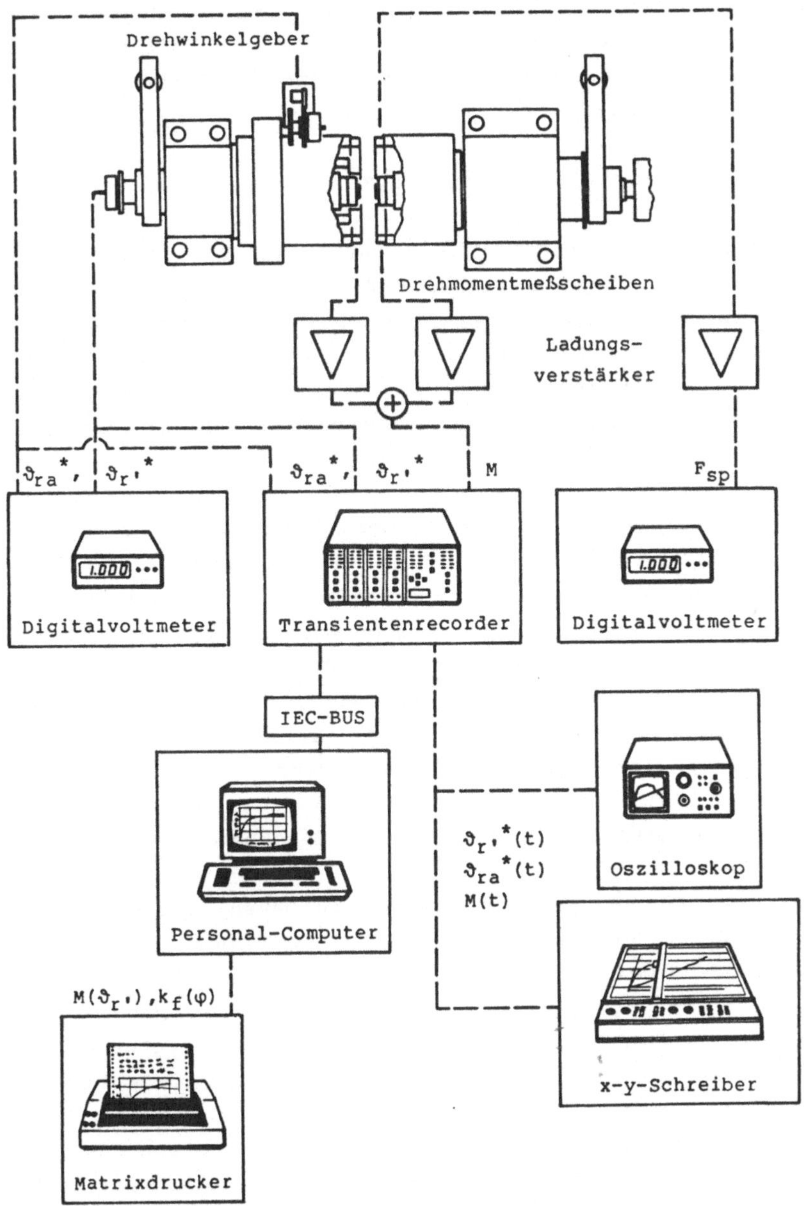

Bild 13: Schematische Darstellung des Meßaufbaus.

auch auf einem x-y-Schreiber über der Zeit dargestellt werden.
Die Versuchsauswertung erfolgte jedoch durch direkte Übernahme
der im Transientenrecorder gespeicherten Meßwerte in einem
Personal-Computer (Typ: Sirius I).

4.3.4 Ablauf des Prüfvorganges

Aufgrund des hohen Auswerteaufwandes, der sich aus den komplizierten Beziehungen zwischen Meß- und Ergebnisgrößen ergibt,
bot sich der Einsatz eines Rechners zur Datenauswertung an.
Die zur Meßdatenverarbeitung erstellten Rechenprogramme wurden
in der Programmiersprache FORTRAN geschrieben und zur direkt
rechnerunterstützten Versuchsführung auf dem Kleinrechner in-
stalliert.
Der Versuch beginnt grundsätzlich mit dem Start des Rechenpro-
grammes TORVER. In Bild 14 ist der Ablauf dieses Programmes als
Flußdiagramm dargestellt. Das Meßprogramm übernimmt zunächst
die Einstellung des Transientenspeichers auf eine fest vorgegebene Ausgangskonfiguration. Dieser Vorgang erfolgt automatisch,
wobei der Transientenspeicher vom Rechner über eine IEC-Stan-
dard Schnittstelle angesprochen wird. Alle Einstelldaten wie
Meßbereiche der einzelnen Kanäle, Trigger-, Abtast- und Spei-
chergrößen können nach erfolgter Einstellung zur Kontrolle
ausgedruckt werden. Nachfolgend werden die versuchsbezogenen
Daten wie Werkstoff, Blechdicke und Versuchsgeometrie im Dialog
eingegeben.
Damit wurden dem Rechenprogramm alle Daten, die zur Versuchsdurchführung notwendig sind, zur Verfügung gestellt - der Transientenrecorder wird zur Messung freigegeben.
Wie bereits angesprochen, wird der Versuch selbst manuell ge-
steuert. Der Meßvorgang endet, wenn eine der vorgegebenen Spei-
chergröße entsprechende Anzahl von Meßdaten aufgenommen wurde.
Durch die Bestätigung der Meldung "Versuch beendet" wird am
Rechner das Auswerteprogramm wieder aktiviert, das nacheinander
die drei verwendeten Kanäle des Transientenspeichers ausliest.
Die zunächst binär abgespeicherten Größen werden nachfolgend in
die entsprechenden Spannungswerte umgerechnet.
Zur Auswertung der Meßdaten werden nun Angaben über die Meßver-

Programm TORVER

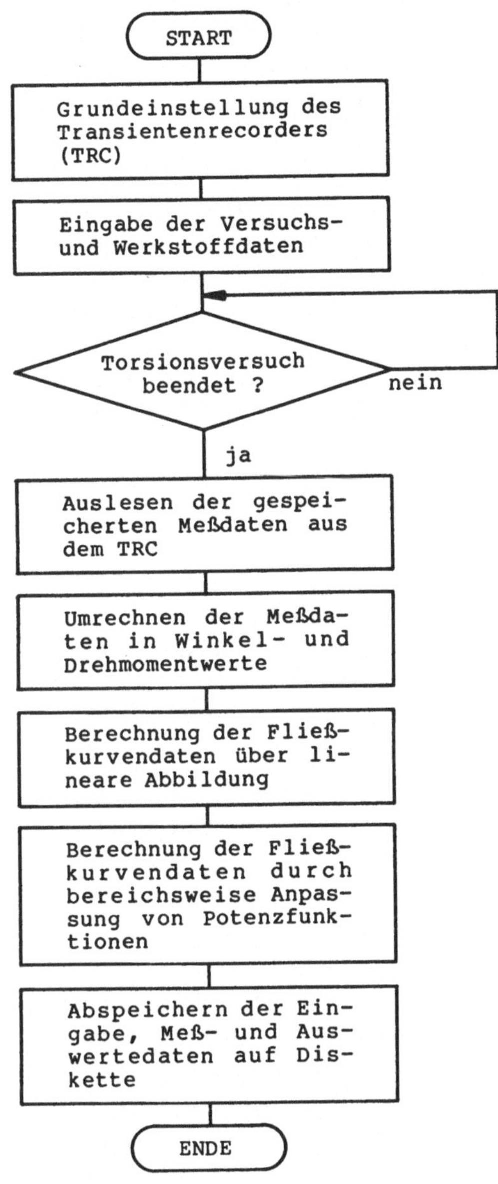

Bild 14: Flußdiagramm zum Meß- und Auswertevorgang.

stärkereinstellung benötigt. Weiterhin muß eingegeben werden, wie viele der bis zu 4000 Meßwerte zur Berechnung herangezogen werden sollen. Programmintern wird mit dieser Angabe nach Ermittlung des maximalen Drehmomentes der Bereich zwischen $M = 0$ und M_{max} in gleich große Schritte unterteilt. Da die Abtastung durch den Transientenspeicher im Normalfall mit einer höheren Auflösung erfolgt als mit den Meßelementen realisierbar, erschien es sinnvoll, auf diese abgestimmt aus mehreren benachbarten Meßwerten einen Mittelwert zu bilden.

Da bei der Winkelmessung ein von Versuch zu Versuch nicht exakt übereinstimmender Anfangswert eingestellt wird, muß dieser von der jeweiligen Meßgröße abgezogen werden. Die zur Auswertung relevante Winkeldifferenz kann aufgrund von Meßwertschwankungen der kleinen Meßgrößen zu Beginn des Vorganges negativ werden. Diese aus der ungenügenden Genauigkeit des Meßsystems folgenden sinnlosen Werte werden nicht zur Auswertung verwendet. Im anschließenden Programmteil erfolgt die tatsächliche Auswertung der Meßdaten nach den Verfahren, wie in Abschnitt 5.2 detailliert dargestellt. Ein Datensatz, bestehend aus den Meß-, Eingabe- und Auswertedaten, wird auf Diskette zwischengespeichert.

Das Plotprogramm DRUCK übernimmt die Darstellung der Daten und Ergebnisse.
Nachdem der Datenfile erneut von der Diskette eingelesen wurde, erfolgt eine Aufbereitung der Werte zur Erstellung von Diagrammen. Im Dialog werden die gewünschten Grenzdaten wie k_{fmax} und φ_{max} für die Auslegung der Fließkurvendarstellung eingegeben. Bei Eingabe einer 0 wird vom Programm anhand der darzustellenden Werte automatisch ein geeigneter Maßstab ausgewählt.
Im Diagramm können wahlweise die Fließkurve nach linearer Abbildung (s. Abschn. 5.2.2.1), nach Approximation mit Potenzfunktionen (s. Abschn. 5.2.2.2) oder beide dargestellt werden. Als Darstellungsmöglichkeiten ist zwischen einer Symbolmarkierung der Auswertepunkte oder einer glättenden Bezierfunktion zu wählen. Ein Ergebnislisting umfaßt alle Eingabe-, Meß- und Ergebnisdaten.

Zur weiteren Verwendung der Fließkurve (z.B. für Berechnungen)
können Punkte der durch Bezierfunktionen /47/ geglätteten Ver-
sion mit beliebig vielen Zahlenwerten ausgedruckt werden.
Allerdings sind diese Funktionen nicht immer in der Lage, den
Fließkurvenverlauf ausreichend genau wiederzugeben. Dies muß
anhand des Diagrammes beurteilt werden.

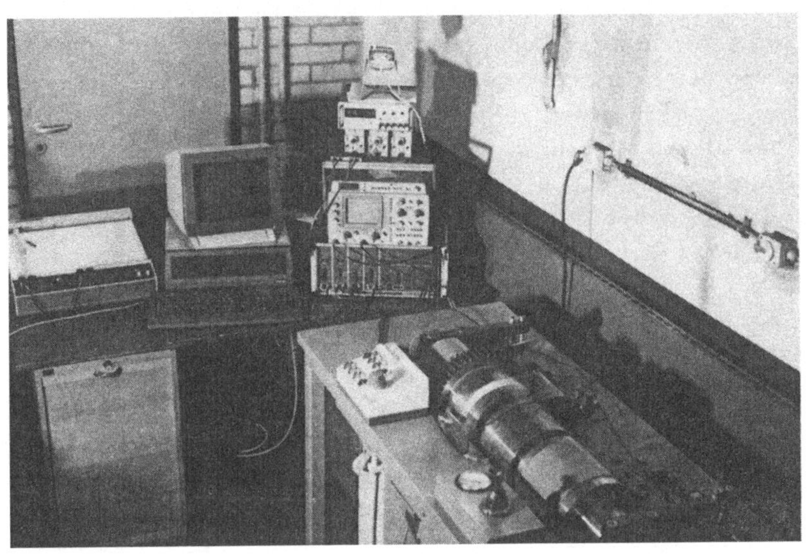

Bild 15: Versuchs- und Meßaufbau.

Die Auswertung in der dargestellten Form dauert zwischen 5 und
10 Minuten, was im wesentlichen auf eine umständliche Zwischen-
speicherung und auf den langsam erfolgenden Ausdruck der Diagramme über den Matrixdrucker zurückzuführen ist.

Bild 15 gibt den gesamten Versuchs- und Meßaufbau wieder.

5.1   SPIRALENMETHODE

5.1.1   Vorgehensweise

Zur Anwendung des schon in Abschnitt 3.2.1 begründeten Verfahrens wurden mit Hilfe einer feinen Reißnadel mehrere Anrißlinien auf die Versuchsplatine aufgebracht (Bild 16). Hierbei war zu beachten, daß mit möglichst gleichbleibender Anpreßkraft Linien konstanter Strichstärke entstanden. Eine exakte Übereinstimmung der Schnittpunkte im Zentrum mußte ebenfalls gefordert werden. Um eine genau zentrische Verdrehung sicherzustellen, was bei diesem Verfahren von grundlegender Bedeutung ist, wurde größte Sorgfalt auf das Ankörnen und Bohren des Zentrums verwendet. Nach der Prüfung der Zentrizität der Ankörnung mit Hilfe einer Lupe wurde die Bohrung so eingebracht, daß die Aufnahme an der Spannbacke spielfrei erfolgen konnte.

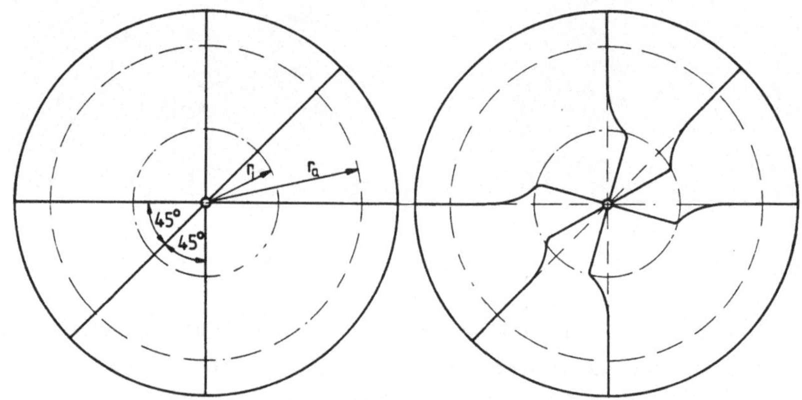

Bild 16: Anordnung der Anrißlinien auf der Versuchsprobe.

Die einzelnen Äste der verzerrten Radiuslinien (Bild 16) wurden unter einem Digital-Meßmikroskop (Meßgenauigkeit $\pm$ 2 μm) ausgemessen. Hierbei wurden abhängig von Werkstoff und Versuchsgeometrie pro Ast ca. 30 Punkte in Abständen von 0,05 bis 0,2 mm

erfaßt. Anhand der in Bild 17 dargestellten Schemazeichnung
einer einzelnen Linie läßt sich die genaue Vorgehensweise auf-
zeigen. Nach dem Ausrichten der Platine nach einer Kante der
Anrißlinie werden die kartesischen Koordinaten dieses Kanten-
verlaufes erfaßt. Durch das Vermessen dieser Bezugskante kann
nach Mittelwertbildung zweier gegenüberliegender Äste die
Strichstärke eliminiert und so eine verzerrte Ideallinie gefunden werden. Zugleich werden damit geringe Zentrizitätsabwei-
chungen ausgeglichen.

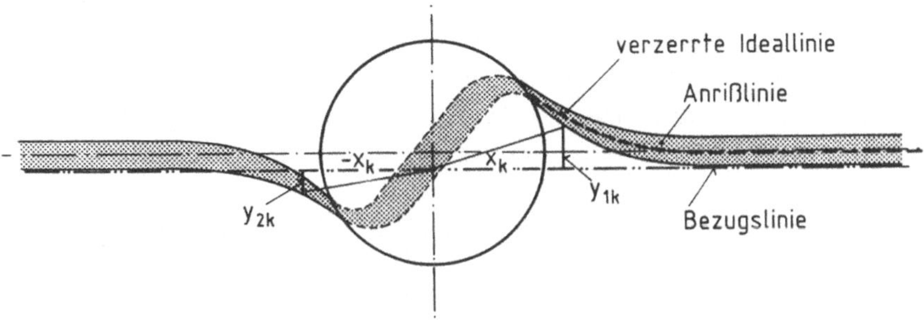

Bild 17: Schematische Verzerrung einer Anrißlinie (stark ver-
        größert).

In der Regel wurde der Gesamtmittelwert aller Anrißlinien als
Repräsentativverlauf zur Auswertung herangezogen; im Einzelfall
(siehe Abschn. 6.1.3.3) stand jedoch auch der Vergleich verschiedener Richtungen zur Diskussion.
Nachdem zunächst auch andere Methoden zur Markierung der Linien
ins Auge gefaßt worden waren, erwies sich die beschriebene
einfache Vorgehensweise doch als ausreichend. Strichstärken-
schwankungen oder Fehler in der Geradheit der Linien und damit
zusammenhängende Effekte auf den resultierenden Fließkurvenverlauf konnten nicht festgestellt werden.
Im Hinblick auf die Möglichkeit, daß die sicherlich nicht
gleichmäßig und plötzlich auftretende Werkstofftrennung am Ende
des Versuches die einzelnen Äste unterschiedlich verzerren
könnte, wurde darauf geachtet, daß der Versuch vorher abgebrochen wurde. Die erreichten Formänderungen sind somit nicht
unbedingt die maximal erreichbaren.

5.1.2 Auswertung der Meßdaten

Die kartesischen Koordinaten der mit dem Meßmikroskop erfaßten
Punkte werden mit den entsprechenden Versuchsdaten zu einem Datensatz zusammengestellt und in ein für diesen Zweck erstelltes
Auswerteprogramm eingelesen. Dieses in FORTRAN programmierte
Rechenprogramm führt zunächst eine Transformation der Einlese-
werte auf Polarkoordinaten mit vorzugebender Mittelwertbildung
durch und berechnet anschließend die Fließkurve nach drei im
folgenden erklärten Verfahren.
Das Ergebnislisting umfaßt die Eingabe- und Polarkoordinaten
sowie die punktweise berechneten Fließkurvendaten. Ein im Anschluß an die Berechnung aufzurufendes Plotprogramm gestattet
die grafische Darstellung der Meß- und Ergebniskurven.

Während die Schub- bzw. Fließspannung nach Gl.(5) bzw. Gl.(17)
sehr einfach bestimmt werden kann, wurden für die etwas kompli-
ziertere Berechnung der Schiebung über die Steigung der Spiralkurve (gegeben durch Wertepaare ϑ_k, r_k) nach Gl.(4) folgende
Verfahren getestet.

5.1.2.1 Direkte Differentiation

Als einfachste Lösung wurde der Differenzenquotient zwischen
zwei benachbarten Meßpunkten zur näherungsweisen Berechnung der
Steigung in einem dazwischenliegenden Punkt herangezogen. Für
die örtliche Schiebung γ_k und die Schubspannung τ_k folgen
somit bei m Meßpunkten:

$$\gamma_k = - \frac{r_k + r_{k+1}}{2} \cdot \frac{\vartheta_{k+1} - \vartheta_k}{r_k - r_{k+1}} \quad ; \quad k = 1 \ldots m-1 \qquad (40)$$

und

$$\tau_k = \frac{M_{max}}{2 \pi s \left[\dfrac{r_k + r_{k+1}}{2} \right]^2} \quad ; \quad k = 1 \ldots m-1. \qquad (41)$$

Dieses Verfahren reagiert sehr empfindlich auf Meßungenauigkeiten, da diese verstärkt im Ergebnis wiedergegeben werden. Das Verhalten im praktischen Einsatz wird in Abschnitt 6.1.1 diskutiert.

5.1.2.2 Glättung der Meßdaten mit Hilfe von Splinefunktionen

Um einer eventuellen Beeinflussung der Rechenergebnisse durch Meßunsicherheiten entgegen zu wirken, erschien es sinnvoll, die Meßdaten innerhalb gewisser Grenzen zu glätten, bevor eine differentielle Auswertung erfolgte. Hierzu erwies sich eine Approximation mit Hilfe von Splinefunktionen $S_\vartheta(r)$ als sehr geeignet (einfache Potenzfunktionen wären ebenfalls denkbar). Grundfunktionen sind kubische Polynome, die nach dem Prinzip des kleinsten Fehlerquadrates an die Meßkurve angepaßt werden. Anhand von zwei vorzugebenden Gewichtungsgrößen wird aus der Summe der möglichen Polynomfunktionen die glatteste ermittelt, indem das Quadrat der zweiten Ableitung minimiert wird. Die Gewichtungsgrößen legen zum einen fest wie stark einzelne Meßpunkte bei der Näherung berücksichtigt werden sollen (DF), was im vorliegenden Problem nicht in Anspruch genommen wurde. Eine zweite Größe (SM) erfaßt die Summe der Abweichungen und gibt somit an, wie stark die geglätteten Werte von den gegebenen Meßgrößen abweichen dürfen.

Die sich ergebenden Bedingungen

$$\sum_{k=1}^{m} \left(\frac{S_\vartheta(r_k) - \vartheta_k}{DF_k} \right)^2 \leqq SM \qquad (42)$$

und

$$\int_{r1}^{r_m} (S_\vartheta{}''(r))^2 \overset{!}{=} Min \qquad (43)$$

werden von einem Bibliotheksrechenprogramm nach /49/ gelöst, so daß als Ergebnis für den gesamten Meßbereich eine Matrix von Polynomkoeffizienten $(a_1, b_1, c_1; 1 = 1 \ldots m-1)$ vorliegt, die jeweils zwischen zwei Meßpunkten gültig sind.

Durch Differentiation dieser resultierenden kubischen Polynome kann die Schiebung γ_k nach Gl.(4) sehr einfach bestimmt werden:

$$\gamma_k = - r_k (3a_1 r_k^2 + 2b_1 r_k + c_1) . \tag{44}$$

Die entsprechende Schubspannung ergibt sich aus

$$\tau_k = \frac{M_{max}}{2 \pi s r_k^2} . \tag{45}$$

5.1.2.3 Gebiets-(schritt-)weise Approximation durch Potenzfunktionen

Wird ein Werkstoffverhalten nach der Ludwik-Hollomon-Beziehung vorausgesetzt, so läßt sich nach Marciniak /22/ aus lediglich zwei Winkelmeßwerten $\vartheta_M \cdot (r_1)$ und $\vartheta_M \cdot (r_2)$ auf der Spirale der n-Wert folgendermaßen bestimmen:

$$n = \frac{2 \ln \dfrac{r_2}{r_1}}{\ln \dfrac{\vartheta_M \cdot (r_1)}{\vartheta_M \cdot (r_2)}} . \tag{46}$$

Bei gleichzeitiger Messung des Drehmomentes kann nach Gl.(5) und der folgenden Beziehung über den Radius eine Zuordnung zwischen Schiebungs- und Schubspannungswerten abgeleitet werden

$$\gamma(r) = \frac{2 \vartheta_M \cdot (r)}{n} (1 - (\frac{r_2}{r_1})^{2/n})^{-1} \tag{47}$$

mit $\gamma(r_a) = 0$; $\vartheta_M \cdot (r_a) = 0$ (Herleitung siehe Anhang 1). Die Schubspannung wird wiederum nach Gl.(5) errechnet.

Gilt die Ludwik-Hollomon-Beziehung nur näherungsweise, so ist
das Ergebnis dieser n-Wert-Bestimmung und ebenfalls die resultierende Fließkurve davon abhängig, auf welchen Radien die
Winkelmessung erfolgt. Das Ergebnis ist somit fehlerbehaftet.
Bei einer gut aufgelösten Messung wie im vorliegenden Fall kann
jedoch anhand von Gl.(46) und Gl.(47) schrittweise vorgegangen
werden.
Zur Berechnung nach diesem Verfahren wurden jeweils drei Meßwertpaare betrachtet. Nach Gl.(46) lassen sich zwei n-Werte
bestimmen, mit Hilfe derer sich für den mittleren Meßpunkt aus
Gl.(47) zwei γ-Werte ergeben. Der arithmetische Mittelwert aus
diesen beiden Größen wurde als Ergebniswert herangezogen.

5.1.3 Fehlerabschätzung

In der folgenden Fehlerbetrachtung soll lediglich die Wirkung
der Meßunsicherheiten diskutiert werden, während die vorgestellten Verfahren zur Meßdatenauswertung im Rahmen der Unter-
suchungsergebnisse (Kap. 6) vergleichend analysiert werden. An
dieser Stelle wird davon ausgegangen, daß zufällige Fehler
durch die Glättung der Meßkurve unterdrückt oder bei der direkten Differentiationsmethode sofort erkannt werden. Solche zu-
fälligen Fehler, d.h. Abweichungen einzelner Meßwerte, haben
einen starken, jedoch örtlich begrenzten Einfluß auf den Diffe-
renzenquotienten. Dies bedeutet, daß deren Wirkung bei der
Auswertung des jeweils übernächsten Meßpunktes abgeklungen ist.
Im folgenden soll das Augenmerk auf systematische Fehler der
Auswertegrößen Drehmoment M, Radius r bzw. Verdrehwinkel
gelegt werden.
Für die Drehmomentmessung wird entsprechend der Linearität der
Meßscheiben eine Abweichung von $\pm$ 0,3 % des Maximalwertes angenommen, wodurch sich eine vom maximalen Drehmoment M_{max} abhängige prozentuale Verlagerung der Fließkurve ergibt.
Der Radius errechnet sich aus den kartesischen Meßkoordinaten x
und y. Diese Größen werden mit einer Meßgenauigkeit von
0,002 mm bestimmt. Zur Fehlerrechnung wird jedoch für beide
eine systematische Abweichung Δx bzw. Δy = 0,01 mm angenommen.
Die Begründung hierfür liegt bezüglich der y-Koordinate in

einer gewissen Unschärfe der Kante der Anrißlinie, die zwar die
Erfassung genauer Verläufe gestattet, jedoch individuell systematische Unterschiede zuläßt.

Die x-Koordinate orientiert sich an der Kante der Zentrier-
bohrung (Bild 17), wodurch sich ebenfalls ein Parallelversatz
ergeben kann. Beide Effekte werden durch die Mittelwertbildung
gegenüberliegender Anrißlinien abgeschwächt.

Zur numerischen Abschätzung des resultierenden Fehlers wird der
Einfachheit halber (ohne Verlust der Aussagefähigkeit) eine
Fließkurve der Form

$$\tau = D_0 \, \gamma^{\,n} \tag{48}$$

angenommen. Diese läßt sich mit den Abbildungsgleichungen des
ebenen Torsionsversuches einfach behandeln; sie trifft zudem in
guter Näherung auf das Verhalten zahlreicher Werkstoffe zu.
Nach der Herleitung im Anhang 1 ergibt sich für den Spiralenverlauf:

$$\vartheta_M{}'(r) = D_1 \, \frac{n}{2} \, (r^{-2/n} - r_a^{-2/n}) \; . \tag{49}$$

Die Differentiation nach Gl.(4) führt auf die Schiebung

$$\gamma(r) = D_1 \, r^{-2/n} \; . \tag{50}$$

Wird für Gl.(50) und die darin enthaltenen Meßgrößen eine
Fehlerrechnung durchgeführt, so ergibt sich nach entsprechender
Umformung der relative Fehler in der Schiebung zu:

$$\frac{\gamma^*}{\gamma} = 1 - 1/n \, (x^2 + y^2)^{-1} 2x \, \Delta x - 1/n \, (x^2 + y^2)^{-1} 2y \, \Delta y \; . \tag{51}$$

Gleichzeitig ergibt sich durch die Änderung des Radialabstandes
unter Berücksichtigung der Unsicherheit im Drehmoment ΔM und in
der Blechdicke Δs ein relativer Fehler in der Schubspannung:

$$\frac{\tau^*}{\tau} = 1 - (x^2 + y^2)^{-1}2x\,\Delta x - (x^2 + y^2)^{-1}2y\,\Delta y + \frac{\Delta M}{M} - \frac{\Delta s}{s}. \quad (52)$$

Da beide Größen, Schubspannung und Schiebung, getrennt berechnet und nachfolgend als Wertepaare zur Fließkurve zusammengefügt werden, ergibt erst ihre direkte Abhängigkeit eine einschätzbare Abweichung. Auf diese Abhängigkeit führt das Einsetzen der Gln.(51) und (52) in die Ausgangsfunktion Gl.(48). Es ergibt sich:

$$\tau^* = A\,D_0\,\gamma^{*n} \quad (53)$$

mit

$$A = (x^2 + y^2)^n \frac{1 - (x^2 + y^2)^{-1}2x\,\Delta x - (x^2 + y^2)^{-1}2y\,\Delta y + \dfrac{\Delta M}{M} - \dfrac{\Delta s}{s}}{(x^2 + y^2 - 1/n\,2x\,\Delta x - 1/n\,2y\,\Delta y)^n} \quad (54)$$

Die Berechnung des Ausdrucks Gl.(54) im Bereich experimentell auftretender Werte für x, y und n zeigte, daß sich die Fehler nahezu aufheben. Der Grund liegt darin, daß sich bei einer Fehleinschätzung des Radius die Fehler in τ und γ mit gleichem Vorzeichen auswirken und dadurch im Bereich realistischer Meßunsicherheiten vernachlässigbare Abweichungen in der Fließkurve ergeben.

Erst bei sehr starken Verschiebungen von 0,1 mm konnten Abweichungen bis 0,3 % ermittelt werden. Dies gilt für einen n-Wert von 0,2; mit zunehmendem n-Wert wird die Unsicherheit kleiner. Bei dieser Rechnung wurden Abweichungen in der Blechdicke und im Drehmoment vernachlässigt. Die Unsicherheit in der Drehmomentmessung kann aber je nach Meßwert für das maximale Drehmoment mit merklichen Abweichungen verbunden sein. So ergibt sich, wenn die volle Größe von $\Delta M = 1,5$ Nm zur Berechnung herangezogen wird, für St 1403 bei realistischen Drehmomentwerten eine Unsicherheit von von ca. 1 %. Mit den kleinsten Drehmomenten für Al 98,7 w beträgt diese sogar ca. 2 % (bei Standard-Versuchsbedingungen, s. Abschn. 5.4).

Bei vergleichenden Untersuchungen mit ähnlichen Endwerten hat diese Unsicherheit keinen Einfluß, jedoch ist zur sicheren Einschätzung der Spannung die Einstellung der Versuchsbedingungen in der Weise vorzunehmen, daß möglichst nahe am Maximalwert gearbeitet wird.

5.2 Drehmoment - Verdrehwinkelmethode

5.2.1 Versuchsführung

Charakteristisch für die Drehmoment-Verdrehwinkelmethode ist eine denkbar einfache Versuchsführung. Die zu prüfende Platine erfordert keinerlei Vorbereitung, abgesehen von einer Fixier-bohrung, an die jedoch in diesem Fall keine Genauigkeits- oder Zentrizitätsansprüche gestellt werden müssen. Würde die Platine in ausreichender Größe zugeschnitten, daß sie beim Spannvorgang außerhalb der Außenbacken gehalten werden kann, so könnte auf die Bohrung ganz verzichtet werden.
Bei der kontinuierlichen Drehwinkelmessung ist grundsätzlich auf eine saubere Einspannung der Probe zu achten, da ein durch Relativbewegung zwischen Blech und Einspannung hervorgerufener Winkelmeßfehler direkt in die Auswertung eingeht. Die Außenein-spannung bereitet aufgrund des größeren Hebelarmes keine Prob-leme.

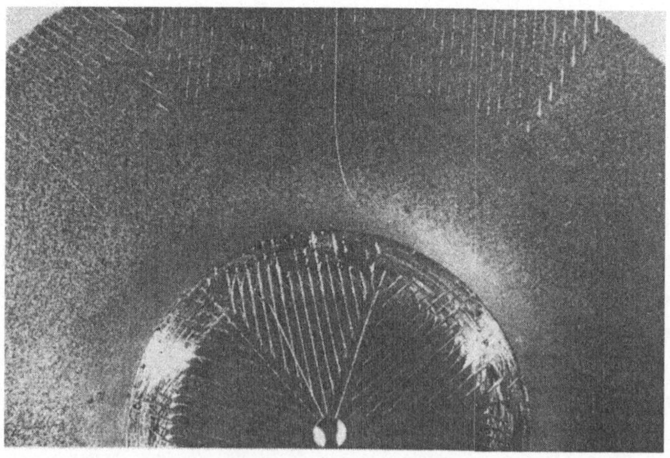

Bild 18: Abschererscheinung unter der Inneneinspannung (St 1403).

Die experimentellen Untersuchungen zeigten, wie auch schon in
/28, 29/ vermerkt, daß aufgrund der hohen Schubspannungen am
Rand der Innenspannbacke bei bestimmter Lastspannung Abschererscheinungen in Blechebenenrichtung auftreten, was einer Relativbewegung gleichkommt.
Diese zeitlich veränderlichen Abschererscheinungen (Bild 18)
sind von der Spannbackenoberfläche sowie von der Einspannkraft
abhängig (siehe Abschn. 6.2.2) und können weder ganz vermieden
noch quantifiziert werden.

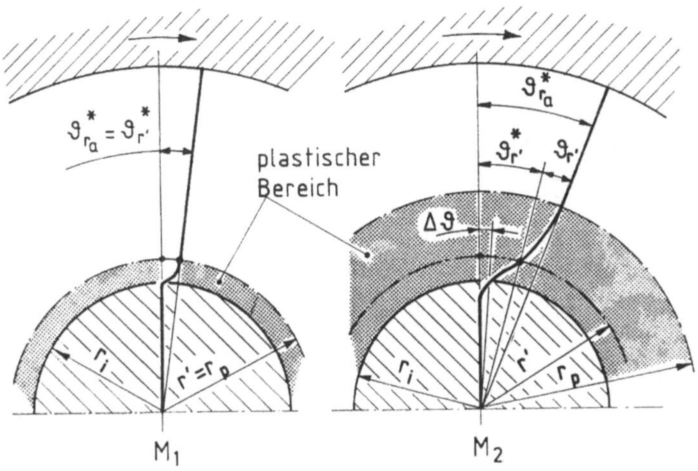

Bild 19: Winkelmeßgrößen für die M(ϑ)-Auswertung.

Dies machte die zusätzliche direkte Winkelmessung an der Plati-
nenoberfläche notwendig, wie sie in Abschnitt 4.3.2 unter konstruktiven Gesichtspunkten erläutert wurde. Zusätzlich zum
Drehwinkel relativ zur starren Innenspannbacke ϑ_{ra}^{*} (siehe
Bild 19) wird an einem innenrandnahen Radius r' der Drehwinkel ϑ_{r}^{*} erfaßt. Entscheidend für die Auswertung des Versuches
ist die Winkeldifferenz $\vartheta_{r'} = \vartheta_{ra}^{*} - \vartheta_{r'}^{*}$. Im Verlauf des Versuches zeigen die beiden Winkelmeßgrößen solange den gleichen
Wert, bis die plastische Zone den Radius r' erreicht, an dem
die Mitnehmerspitzen auf dem Blech aufsitzen (Bilder 19 und 20;
elastische Verformungen werden vernachlässigt). Tritt durch den
beschriebenen Abschereffekt unter der Innenspannbacke ein

Winkelmeßfehler $\Delta\vartheta$ auf (Bild 19), so ist dieser sowohl im Meßwert für $\vartheta_{ra}{}^*$ als auch in $\vartheta_{r'}{}^*$ enthalten und wird somit durch
die Subtraktion eliminiert. Nach der Werkstofftrennung am
Innenrand $r = r_i$ bleibt die Winkeldifferenz konstant (Bild 20).

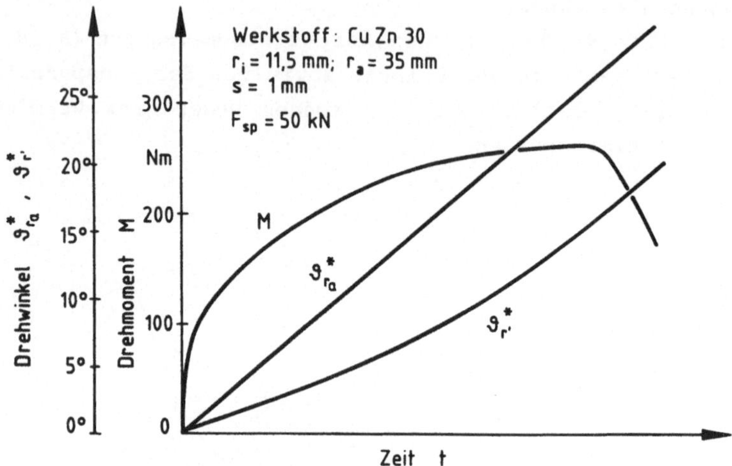

Bild 20: Zeitlicher Verlauf der Meßgrößen.

Da am Innenrand die größten Formänderungen auftreten, müssen
durch diese Vorgehensweise Einschränkungen im Wertebereich in
Kauf genommen werden, die durch den Wegfall des Auswertebereiches zwischen r_i und r' entstehen.
Aus den Meßdaten, die in Bild 20 in Abhängigkeit von der Zeit
dargestellt sind, wird durch das in Abschnitt 4.3.4 beschriebene Auswerteprogramm die Fließkurve nach den im folgenden
näher dargestellten Verfahren berechnet.

5.2.2   Auswertung der Meßdaten

Die momentane Schubspannung am Radius r' wird nach Gl.(7) aus
dem Drehmoment berechnet, was keine Schwierigkeiten bereitet.
Wie bei der Spiralenauswertung muß zur Berechnung der Schiebung
nach Gl.(15) die Steigung der Meßkurve bestimmt werden. Hierzu
wurden mehrere Verfahren eingesetzt.

5.2.2.1 Gebietsweise Approximation durch Potenzfunktionen

Da Fließkurven von technisch relevanten Werkstoffen bei Raumtemperatur erfahrungsgemäß einen degressiv ansteigenden Verlauf aufweisen, und dadurch auch die $M(\vartheta)$-Meßkurven ein ähnliches Aussehen haben, erschien es sinnvoll, diese mit Hilfe von Potenzfunktionen anzunähern.

Hierzu werden jeweils 5 Punkte der Meßkurve (M_k, ϑ_k) nach der Methode des kleinsten Fehlerquadrates durch eine logarithmische Regressionsrechnung erfaßt. Bei Betrachtung des mittleren Punktes ergibt sich hierdurch ein gewisser Glättungseffekt. Diese Vorgehensweise wird schrittweise fortgeführt, indem die fünf betrachteten Punkte jeweils um einen Meßpunkt verschoben werden, wodurch eine Matrix von D- und n-Werten entsteht für

$$M = D_l \, \vartheta^{n_l} \; ; \; l = 1 \ldots m-4 \; . \tag{55}$$

Aus dieser Näherung kann auf zwei verschiedenen Wegen die Fließkurve bestimmt werden.

Differentiation

Mit Gl.(55) läßt sich auf einfache Weise die Steigung an den entsprechenden Punkten ϑ_k bestimmen. Unter der Voraussetzung, daß die Formänderungen (Schiebungen) am Außenrand vernachlässigbar klein sind, ergibt sich für die Schiebung $\gamma_{r'}$ nach Gl.(15)

$$\gamma_{r'k} = \frac{2 \, M_k}{D_l \, n_l \, \vartheta_k^{n_l - 1}} \; . \tag{56}$$

Transformation der Potenzfunktionen

Aus der Herleitung der Gl.(47) im Anhang 1 geht hervor, daß sich für eine Fließkurve, die in Form einer Potenzfunktion darstellbar ist auch eine Meßkurve $M(\vartheta)$ der Form

$$M = D \, \vartheta^n \tag{57}$$

einstellt. Aus dieser Tatsache heraus können umgekehrt auch die bereichsweise angepaßten Funktionen - vergl. Gl.(55) - durch die Abbildungsvorschrift Gl.(8) direkt in $\tau(\gamma)$-Kurven übertragen werden. Für die Schiebung ergibt sich der folgende Zusammenhang:

$$\gamma_{r'k} = \frac{2\,\vartheta_k}{n_1}\,(1 - (\frac{r'}{r_a})^{2/n_1})^{-1}. \tag{58}$$

5.2.2.2 Auswertung durch lineare Abbildung

Um die Bestimmung der Steigung der $M(\vartheta)$-Meßkurve zu umgehen, wurde in /30, 31/ eine Näherungsmethode zur Berechnung der Fließkurve angegeben, die die Meßgrößen, vorrangig die Schiebung, linear auf die Ergebnisgrößen abbildet. Gl.(58) zeigt, daß dies bei Erfüllung der Ludwik-Hollomon-Beziehung Gültigkeit hat.

Die im folgenden beschriebene Näherungslösung ist allerdings auch für Fließkurven gedacht, die diesen Sachverhalt nicht erfüllen, d.h. vom Ludwik-Hollomon-Verhalten abweichen.

Ausgangspunkt (d.h. "nullte Näherung") für die Betrachtungen ist jedoch immer eine Näherungskurve der Form einer Potenzfunktion (Gl.(57) mit D_0, n_0), die global nach dem kleinsten Fehlerquadrat durch die gesamten Meßwertpaare (Meßkurve) gelegt wird.

Wird die Funktion der relativen Abweichungen der Näherungskurve von der tatsächlichen Meßkurve

$$\overline{f}(M) = \frac{\vartheta(M)}{\vartheta_0(M)} - 1 \tag{59}$$

betrachtet, so ergibt sich mit den bekannten Abbildungsvorschriften ein Zusammenhang zwischen dieser Funktion und den relativen Abweichungen $f(\tau)$ (entspr. Gl.(59)) der tatsächlichen Fließkurve $\tau(\gamma)$ von der abgebildeten Näherungskurve $\tau(\gamma_0)$ wie folgt:

$$\overline{f}(M) \; = \; \frac{\displaystyle\int_{r'}^{ra} \frac{f(\tau(r,M))}{r^{1+2/n}} \, dr}{\displaystyle\int_{r'}^{ra} \frac{dr}{r^{1+2/n}}} \; . \tag{60}$$

Es wird nun ein Auswerteradius r_n gesucht, für den der Zusammenhang Gl.(60) möglichst einfach wird. Im vorliegenden Fall wird gefordert:

$$\overline{f}(M) \; = \; f\left(\frac{M}{2\pi s r_n^2}\right) \; . \tag{61}$$

Eine Taylor-Reihenentwicklung der beiden Fehlerfunktionen um den betrachteten Radius r' führt nach dem Gleichsetzen entsprechend Gl.(61) und einer geforderten Übereinstimmung der linearen Reihenglieder auf den "kritischen Radius" r_n.

$$r_n = r' \sqrt{1 + n_0} \; \frac{\sqrt{P_0}}{\sqrt{P_2}} \quad \text{mit} \quad P_k = 1 - \left(\frac{r'}{r_a}\right)^{k+2/n_0}. \tag{62}$$

Wird dieser Radius r_n in Gl.(7) eingesetzt, so ergibt sich für die Schubspannung:

$$\tau \; = \; \frac{M}{2\pi s r'^2 (1 + n_0)} \; \frac{P_2}{P_0} \; . \tag{63}$$

Für die Schiebung folgt:

$$\gamma \; = \; \frac{2 \vartheta_{r'}}{n_0 (1 + n_0)^{1/n_0}} \; \frac{1}{P_0} \left(\frac{P_2}{P_0}\right)^{1/n_0} \; . \tag{64}$$

Der Restgliedfehler, verursacht durch Glieder höherer Ordnung, hängt vom n-Wert n_0 der Näherungskurve , der Versuchsgeometrie r', r_a, von der Schubspannung τ_r, und der zweiten Ableitung der Fehlerfunktion f"(r') ab /31/ (Bild 21):

$$R = B\,\tau_{r\prime}^{\,2}\,f''(\tau_{r\prime}) \tag{65}$$

mit

$$B = 1/2\left\{\left[\frac{p_2}{(1+n_0)p_0}\right]^2 - \frac{p_4}{(1+2n)p_0}\right\}. \tag{66}$$

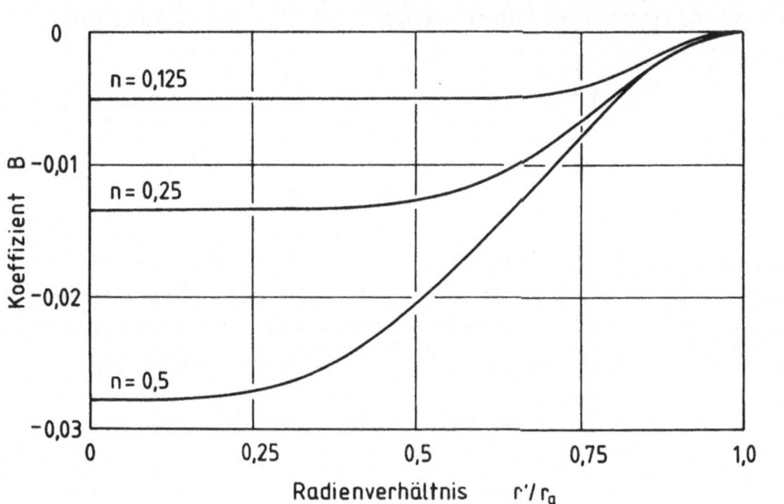

Bild 21: Koeffizient B (Gl.(66)) in Abhängigkeit vom Radienverhältnis der inneren und äußeren Spannbacke.

5.2.3   Fehlerabschätzung

Auch bei der Abschätzung des Fehlers bei der M(ϑ)-Auswertung soll davon ausgegangen werden, daß zufällige Meßfehler oder Meßwertschwankungen durch entsprechende Glättungsverfahren eliminiert wurden.

Aus den zur Auswertung herangezogenen Beziehungen Gl.(7) und Gl.(15) geht unmittelbar hervor, daß ein Fehler in der Winkelmessung $\Delta\vartheta$, wie er beispielsweise durch Spiel in der Übertragung auftreten könnte, keine Auswirkung auf die Schiebung hat.

Ein Abrutschen der Mitnehmerspitzen auf dem Blech wäre möglicherweise als proportionaler Fehler anzusehen, der sich ebenso
auf das Meßergebnis auswirkt.

Eine Abweichung im Drehmoment hat im Ergebnis eine veränderli-
che Unsicherheit zur Folge, da bei jedem Versuch der Bereich
von $M = 0$ bis $M = M_{max}$ durchlaufen wird. Dies steht im Gegensatz zur Spiralenauswertung, bei der immer nur ein diskreter
Drehmomentmeßwert zur Auswertung herangezogen wird, wodurch
dessen Unsicherheit für die gesamte Fließkurve gilt.

Wird wie in Abschnitt 5.1.3 entsprechend der Linearität der
Meßscheiben $\Delta M = 1,5$ Nm gesetzt, so ergibt sich eine Parallel-
verschiebung der Meßkurve, die die Steigung nicht verändert.
Die Schiebung ist demnach mit einem relativen Fehler von

$$\frac{\gamma^*}{\gamma} = 1 + \frac{\Delta M}{M} \tag{67}$$

behaftet.

Bei der Spannungsermittlung tritt eine weitere Unsicherheit
auf, die in der Genauigkeit der Lage der Mitnehmerspitzen
liegt, mit Hilfe derer der Drehwinkel $\vartheta_{ra}{}^*$ erfaßt wird. Unter
Berücksichtigung dieses Sachverhaltes ergibt sich eine relative
Abweichung in der errechneten Schubspannung:

$$\frac{\tau^*}{\tau} = 1 + \frac{\Delta M}{M} - \frac{2 \Delta r}{r} - \frac{\Delta s}{s}. \tag{68}$$

Wird die Wirkung der Unsicherheiten auf die Fließkurve und
wiederum ein Verhalten nach Gl.(48) in Abschnitt 5.1.3 angenommen, folgt für die relativen Abweichungen des Fließkurvenverlaufes:

$$\tau^* = A \, D \, \gamma^{*n} \tag{69}$$

mit

$$A = \frac{1 + \dfrac{\Delta M}{M} - \dfrac{2\,\Delta r}{r} - \dfrac{\Delta s}{s}}{(1 + \dfrac{\Delta M}{M})^n}. \qquad (70)$$

Durch Einsetzen realistischer Werte kann unter Voraussetzung einer exakt ermittelten und konstanten Blechdicke für St 1403 eine Unsicherheit von 0,6 % im Anfangsbereich angegeben werden, die zum Versuchsende hin auf 0,4 % absinkt. Entsprechend größer werden die relativen Abweichungen für kleine absolute Meßgrößen, wie sie für Al 98,7 w auftreten (bis 1,7 %).

Die Unsicherheit des Radius r' (angenommen 0,1 - 0,2 mm) bewirkt einen Fehler in der Spannung von 1,6 % bis 3,3 % (da er quadratisch in die Rechnung eingeht, siehe hierzu auch Abschn. 6.2).

5.3 VERSUCHSWERKSTOFFE

Für die experimentellen Untersuchungen wurden handelsübliche Feinbleche ausgewählt, die ein möglichst breites Spektrum unterschiedlichen Werkstoffverhaltens umfassen sollten. Die chemische Zusammensetzung (soweit bekannt), die mechanischen Eigenschaften sowie Gefügeaufnahmen der Versuchswerkstoffe mit Korngrößenangabe sind im Anhang 2 (Tab. A2/1, Tab. A2/2 und Bild A2/1) zusammengefaßt.

Mit dem Werkstoff St 1403 wurde ein typisches Tiefziehstahlblech ausgewählt, das im Zugversuch ein Verfestigungsverhalten entsprechend der Ludwik-Hollomon-Beziehung aufweist (Bild 22). Ein hoher r-Wert und damit eine geringe Neigung zur Dickenänderung bei gleichzeitig ausgeprägter Richtungsabhängigkeit ($\Delta r = 0,68$) zeichnen sein Verhalten aus. Bei einer zweiten Charge dieses Werkstoffes wurde eine ausgeprägte Streckgrenze festgestellt. Dieses Blech wurde zu exemplarischen Vergleichsuntersuchungen herangezogen. Die Fließkurvenbestimmung im Flachzugversuch war für dieses Blech mit großen Streuungen behaftet; Anisotropiewerte konnten nicht ermittelt werden. In der Gegenüberstellung wurde dieser Werkstoff mit St 1403 II

bezeichnet, während alle Diagramme und Tabellen mit St 1403 den
erst beschriebenen Werkstoff kennzeichnen.

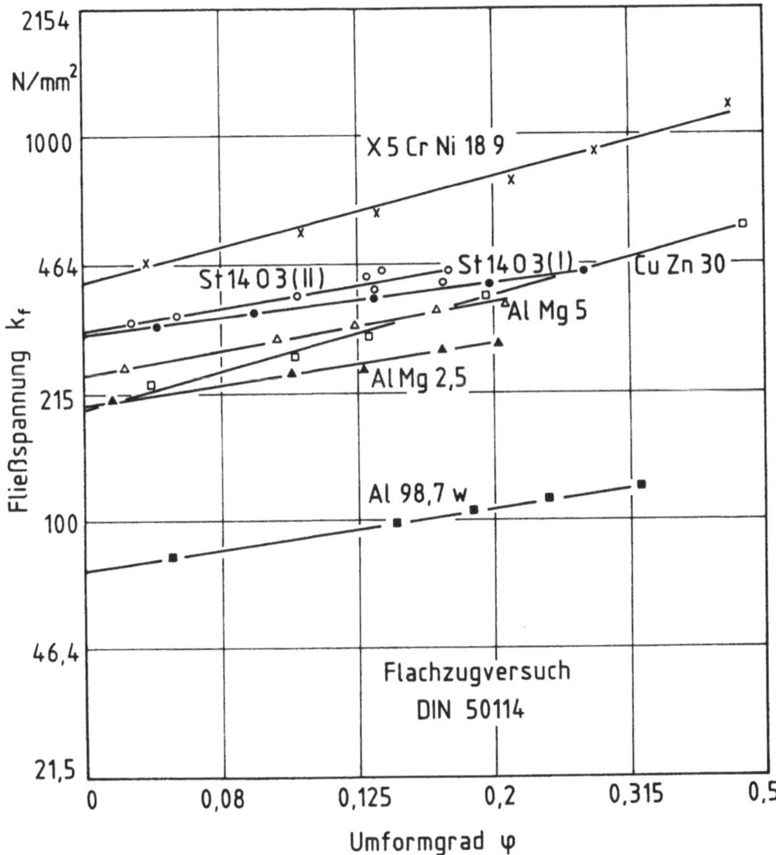

Bild 22: Fließkurven der Versuchswerkstoffe ermittelt im Flachzugversuch (0°-Proben).

Das technische Reinaluminium Al 98,7 w, dessen Fließkurve sich
ebenfalls gut durch den Ludwik-Hollomon-Ansatz annähern läßt,
wurde vor allem aus Gründen der niedrigen Fließspannung zu den
Versuchen herangezogen. Mit ihm konnten nahezu alle Geometrie-

parameter abgedeckt werden, ohne daß die Grenzen der Versuchsanlage bzw. des Meßaufbaus erreicht wurden.

Al 98,7 w weist mit einem sehr niedrigen r-Wert eine im Vergleich zum Stahlwerkstoff verstärkte Neigung zur Dickenänderung
auf.

Der n-Wert der beschriebenen Werkstoffe liegt in der gleichen
Größenordnung (zwischen 0,2 - 0,25). Demgegenüber zeigt der
ausgewählte Messingwerkstoff CuZn 30 eine wesentlich stärkere
Verfestigung (n = 0,47). Für CuZn 30 wurden im Zugversuch mit
einem ansteigenden n-Wert leichte Abweichungen vom Ludwik-
Hollomon-Verhalten festgestellt. Im Gegensatz zu den vorgenann-
ten Werkstoffen verhält sich des Messingblech mit $\bar{r}$ = 0,85
näherungsweise isotrop und zeigt auch keine Richtungsabhängigkeit der Eigenschaften.

Mit ähnlichem Verfestigungsverhalten wie CuZn 30 war für das
austenitische Stahlblech X5 CrNi 18 9 jedoch eine deutlichere
Abweichung vom Ludwik-Hollomon-Ansatz im Flachzugversuch zu
beobachten (Bild 22). Bei sehr hohen Fließspannungen weist
dieser Werkstoff mit einem mittleren r-Wert wenig unter 1
jedoch eine deutliche Richtungsabhängigkeit auf.

Die Fließkurven der zur Ergänzung exemplarisch geprüften technischen Aluminiumlegierungen AlMg 5, AlMg 2,5 und
AlMg 0,4 Si 1,2 konnten alle gut durch Potenzfunktionen idealisiert werden. Sie sind im Verhalten sehr ähnlich, wobei lediglich die Beträge der Fließspannung in unterschiedlicher Höhe
liegen. Verbunden mit r-Werten zwischen 0,6 - 0,7 weisen diese
Werkstoffe nur eine geringfügige Richtungsabhängigkeit in der
Blechebene auf. Die n-Werte liegen zwischen 0,25 und 0,30.

Die Hauptuntersuchungen wurden mit Al 98,7 w, St 1403 und
CuZn 30 durchgeführt. Als Standardblechdicke wurde s = 1,0 mm
eingesetzt, wobei zusätzlich einzelne Proben des Werkstoffes
Al 98,7 w mit Blechdicken s = 0,5 mm und 2,0 mm geprüft wurden.
Zur Auswertung wurden die durch Messungen ermittelten tatsächlichen Blechdicken herangezogen, die maximal 2 % von den Nenn-
dicken abwichen . In den Diagrammen sind jeweils die Nennblech-
dicken angegeben.

5.4 VERSUCHSPROGRAMM

Der in Bild 23 dargestellte Versuchsplan gibt einen Überblick über die durchgeführten Untersuchungen.

Entsprechend den in Abschn. 4.2 aufgeführten Spannbackenradien wurden Versuchsproben mit den Abmessungen 100×100 mm^2 (bzw. 190×190 mm^2) eingesetzt.

Im Rahmen der experimentellen Untersuchungen sowie begleitenden theoretischen Überlegungen wurden die unterschiedlichen Auswertemethoden anhand der in Abschnitt 5.3 vorgestellten Versuchswerkstoffe getestet. Hierbei erfolgte eine getrennte Überprüfung der Spiralen- und Drehmoment-Verdrehwinkelmethode (Abschn. 6.1 und 6.2) im Zusammenhang mit den Parameteruntersuchungen an den Hauptwerkstoffen, während die übrigen im direkten Vergleich mit den Ergebnissen aus dem Zugversuch betrachtet wurden (Abschn. 6.3). Für jede der beiden Auswertemethoden wurden zunächst die in den Abschnitten 5.1 und 5.2 beschriebenen Verfahren zur Meßdatenauswertung gegenübergestellt und diskutiert.

Soweit vom Meßaufbau und von den Werkstoffen her möglich wurden in den experimentellen Untersuchungen die folgenden Parameter (teilweise nur exemplarisch) variiert:

Innenbackenspannbackenradius	r_i
Außenspannbackenradius	r_a
Einspannkraft	F_{sp}
maximales Drehmoment	M_{max}
Blechdicke	s

Die Auswertung eines Versuches nach den beiden vorgestellten Auswertemethoden (Spiralen- und $M(\vartheta)$-Auswertung) erfolgte größtenteils an der gleichen Versuchsprobe.

Die zur Versuchsauswertung notwendigen idealisierten Versuchsbedingungen wurden mit Blechdickenmessungen, dem Vermessen von konzentrischen Kreisen auf der Versuchsprobe und dem Einfluß des maximalen Drehmomentes überprüft.

Für den Stahlwerkstoff St 1403, der eine starke ebene Anisotropie aufweist, wurde eine richtungsabhängige Verzerrung von Radiuslinien untersucht und mit anderen Werkstoffen verglichen.

Härtemessungen sowie die Untersuchung von Streckgrenzeneffekten an Stahlproben sollten zur Veranschaulichung des Verformungsvorganges im ebenen Torsionsversuch beitragen.

Werkstoff	Außenradius r_a mm	Blechdicke s mm	Innenradius r_i 7,5 mm	Innenradius r_i 11,5 mm	Innenradius r_i 20,0 mm
St 1403 I	35	1,0	Spi	Spi/M(ϑ)/Or Fsp/s/RB/HV	
St 1403 II	35	1,0		Spi/M(ϑ)/R_e	
X5 CrNi 18 9	35	1,0	Spi/Or	Spi/M(ϑ)/Or	
Al 98,7 w	35	0,5	Spi	Spi/M(ϑ)	
		1,0	Spi Fsp	Spi/M(ϑ)/Or Fsp/s/RB	Spi/M(ϑ)/Or Fsp
		2,0	Spi	Spi/M(ϑ)/Or	Spi/M(ϑ)
	80	1,0		Spi	Spi
AlMg 2,5	35	1,0			Spi/M(ϑ)/s
AlMg 5	35	1,0			Spi/M(ϑ)/s
AlMg 0,4 Si 1,2	35	1,25			Spi/M(ϑ)/s
CuZn 30	35	1,0	Spi	Spi/M(ϑ)/Or Fsp/s/RB	
	80	1,0		Spi/Or	

Spi	Spiralenauswertung	s	Untersuchung der Dickenänderung
M(ϑ)	Drehmoment-Verdrehwinkelauswertung	RB	Untersuchung der Radialbewegung v. Werkstoffelementen
Fsp	Einfluß der Einspannkraft		
Or	Untersuchung der Richtungsabhängigkeit	R_e	Untersuchung des Effektes einer ausgeprägten Streckgrenze
HV	Härteverteilung		

Bild 23: Versuchsprogramm.

Zur Erfassung der radialen Formänderungsverteilung wurden an einigen Blechen des Werkstoffes St 1403 nach der Verdrehung im ebenen Torsionsversuch Kleinlasthärtemessungen durchgeführt.

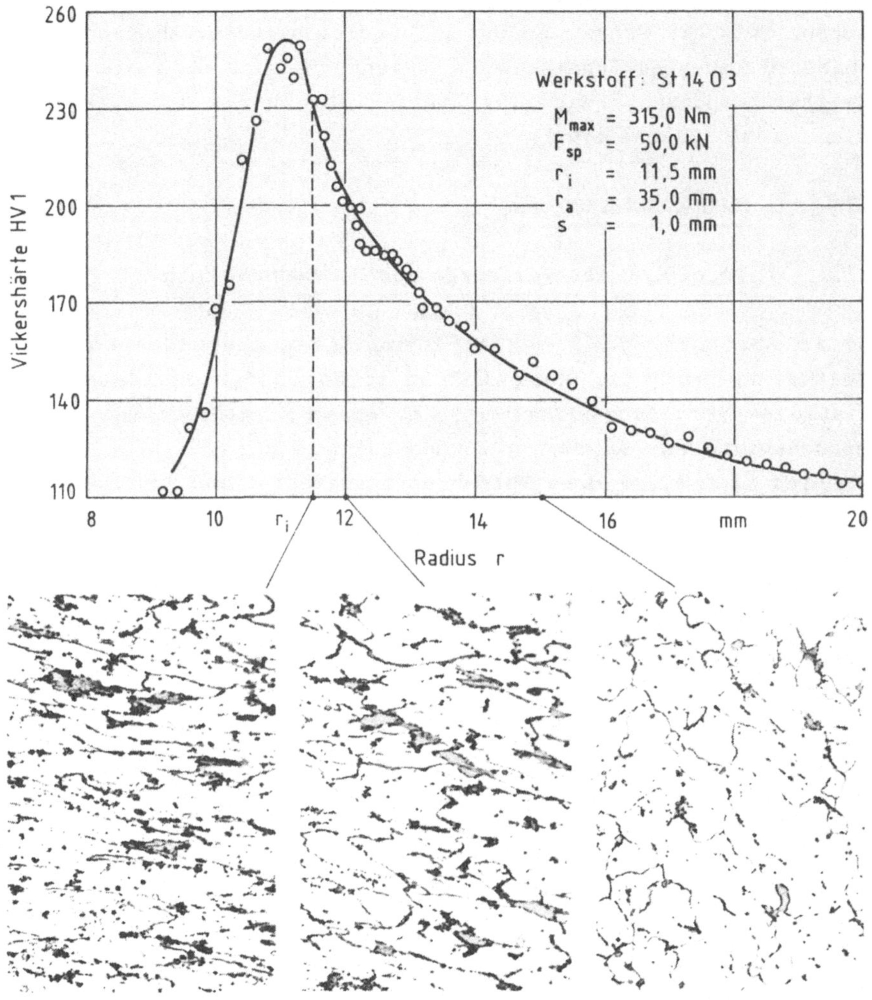

Bild 24: Radiale Härteverteilung in der Versuchsprobe.

Bekanntlich korreliert die Vickershärte mit der Vergleichsformänderung /51/. Die Meßergebnisse sind in Bild 24 dargestellt,
wobei Gefügeaufnahmen aus den gekennzeichneten Probenbereichen
die zunehmende Verzerrung der Körner zum Innenrand hin verdeut-
lichen. Zwischen Schubspannung und Vickershärte ergab sich ein
annähernd linearer Zusammenhang; dementsprechend fiel die Vergleichsformänderung sehr viel stärker ab als die Härteverteilung (siehe z.B. Gl.(49)).

6.1 SPIRALENMETHODE

6.1.1 Vergleich der Verfahren zur Datenauswertung

Die im Abschnitt 5.1.2 beschriebenen Auswerteverfahren zur
Ermittlung der Schiebung γ werden im folgenden anhand eines
Beispieles verglichen. Hierzu wurde ein Meßdatensatz für eine
Versuchsprobe aus Al 98,7 w (Standardinnenradius r_i = 11,5 mm)
parallel nach allen drei Verfahren ausgewertet und im Ergebnis
gegenübergestellt, s. Bild 25.
Wie bereits in Abschnitt 5.1.2 angedeutet, ist das direkte
Differentiationsverfahren sehr empfindlich in bezug auf Meßun-
genauigkeiten, was eine entsprechend verstärkte Streuung der
Auswertepunkte bewirkt. Nach den vorliegenden Erfahrungen muß
angemerkt werden, daß diese Streuung sehr stark von der indivi-
duellen Durchführung der Messung abhängt. Die in Bild 25 ge-
zeigten Ergebnisse enthalten jedoch im wesentlichen nur noch
Meßunsicherheiten sowie Ungenauigkeiten im Kantenverlauf der
Anrißlinien.
Wie deutlich zu erkennen, wird durch die Approximation mit
Hilfe von Potenzfunktionen (Abschn. 5.1.2.3) eine gute Näherung
erzielt. Infolge eines gewissen Glättungseffektes wird die
Streuung gegenüber der direkten Differentiation etwas vermindert. Eine Glättung der Meßdaten mit Splinefunktionen vor der
Auswertung führt auf die durchgezogene Linie. Alle Auswerte-
punkte konnten für diesen Fall direkt zu einer glatten Kurve
verbunden werden. Das Maß der Korrektur einzelner Meßwerte lag
im gezeigten Fall unter 1 % des jeweiligen $\vartheta(r)$-Wertes.
Werden die streuenden Auswertepunkte, resultierend aus der di-

rekten Differentiation, durch zwei Hüllkurven abgegrenzt, so
ergibt sich eine relative Abweichung von maximal ± 2 % zur
durchgezogenen Linie. Eine nachfolgende Glättung führt sowohl
für die Auswertepunkte aus direkter Differentation als auch aus
der Approximation durch Potenzfunktionen auf den durch Spline-
glättung der Meßkurve ermittelten Verlauf.

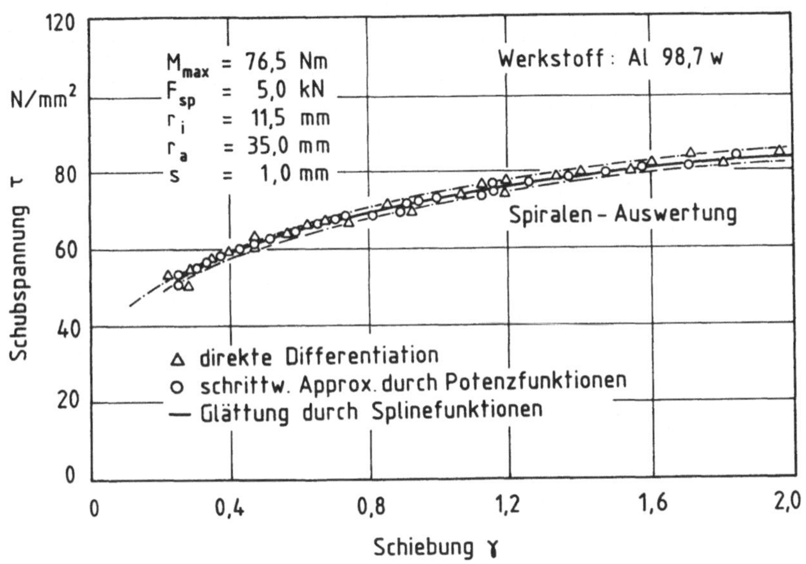

Bild 25: Vergleich verschiedener Methoden der Meßdatenauswertung.

Eine differentielle Lösung ist neben den beschriebenen Einfluß-
größen sehr stark von der Wahl der Schrittweite zwischen den
Meßpunkten abhängig, da der prozentuale Anteil der Unsicherheit
mit ihr steigt oder fällt. Je höher die Auflösung gewählt wird,
desto stärker streut die Steigung. Dieser Gesichtspunkt wird in
Abschn. 6.1.4.2 im Zusammenhang mit der Variation des Innenradius genauer erörtert.
Aufgrund der stark abfallenden Formänderungsverteilung und des
damit abnehmenden Gradienten des Verdrehwinkels $\vartheta(r)$ werden
diese Meßgrößen mit zunehmendem Radius unsicherer. Dies be-
trifft den Bereich kleiner Formänderungen der $\tau(\gamma)$-Kurve. Um
diesem Effekt entgegenzuwirken, wurden die Schritte kontinuier-

lich vergrößert. Das gezeigte Beispiel wurde speziell zur Verdeutlichung des beschriebenen Sachverhaltes gewählt. In vielen Fällen konnten für die untersuchten Werkstoffe genauere Ergebnisse erzielt werden. Bei der Auswertung nur zweier gegenüberliegender Linien erhöhte sich die Streuung geringfügig. In allen Fällen war jedoch eine Glättung von 1 % ausreichend, um eine Ergebniskurve wie in Bild 25 zu erhalten.
Alle in den folgenden Abschnitten bildlich dargestellten Ergebnisse wurden, wenn nicht anders vermerkt, nach dem Splineglättungsverfahren ermittelt.

6.1.2 Reproduzierbarkeit

Die Wiederholgenauigkeit bei der mit einfachen Mitteln realisierten Spiralenauswertemethode war äußerst gut. In der Regel wurden für konstante Versuchsparameter-Kombinationen deckungsgleiche Fließkurven erzielt, für die keine Streuung angegeben werden kann. Über die Dauer der Untersuchungen zeigten sich jedoch hin und wieder vor allem für den Werkstoff Al 98,7w

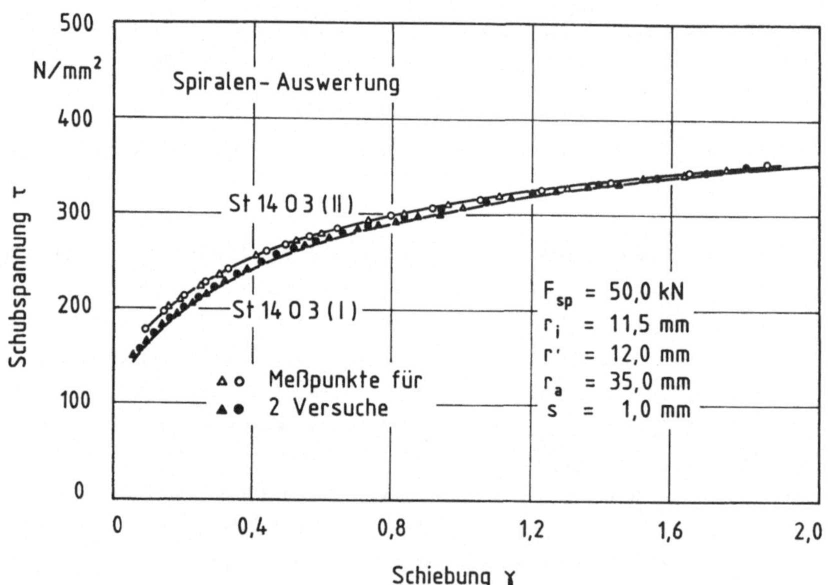

Bild 26: Fließkurven für St 1403 aus mehreren Versuchen.

geringfügige Abweichungen von $\pm$ 1% im Gesamtverlauf. Dies wird
in der Hauptsache auf die Empfindlichkeit des Werkstoffes durch
die extrem niedrige Streckgrenze zurückgeführt. Als Folge waren
im Vergleich zu anderen Blechen oft erhebliche Oberflächenbe-
schädigungen festzustellen. Die Entnahme der Versuchsbleche aus
verschiedenen Tafeln sowie die individuell unterschiedliche
Durchführung der Messungen durch verschiedene Personen können
ebenfalls das Meßergebnis beeinflussen.
Neben der guten Wiederholgenauigkeit der Meßergebnisse scheint
die Empfindlichkeit des Verfahrens dennoch nicht verloren zu
gehen. Bild 26 zeigt die Auswertepunkte von jeweils zwei Messungen an den beiden Chargen des Werkstoffes St 1403. Bei
deutlicher Übereinstimmung für die jeweilig gleiche Blechsorte
ist die Abweichung der Kurvenverläufe offensichtlich.

6.1.3   Einhaltung theoretischer Voraussetzungen

Zur Auswertung des ebenen Torsionsversuches werden einige ide-
alisierende Voraussetzungen gemacht, die im folgenden experimentell überprüft werden sollen.

6.1.3.1   Radialbewegung von Werkstoffelementen

In /27/ wurde mit Hilfe einer numerischen Simulation des ebenen
Torsionsversuches nachgewiesen, daß Spannungen und Formänderungen in radialer Richtung vernachlässigbar seien und somit in
guter Näherung ein reiner Schubspannungs- und ein einfacher
Scherverformungszustand vorliege. Allerdings können in solch
einer Untersuchung aufgrund idealisierter Werkstoff- und Versuchsbedingungen manche Einflüsse nicht berücksichtigt werden.
Das Werkstoffverhalten wurde mit Hilfe eines linear verfesti-
genden, isotropen Modells idealisiert.
Der Parameter Einspannkraft mit den damit verbundenen Effekten
wie Kerbwirkung oder eventuellen Verfestigungserscheinungen
ging überhaupt nicht in die Betrachtungen ein. Während in der
theoretischen Untersuchung Punkte am Innenradius $r = r_i$, entlang einer Umfangslinie auf einer kreisförmigen Bahn bewegt
werden, kann im realen Versuch durch das zwangsläufige Auftre-

ten von Relativbewegungen zwischen Blech und Einspannung in
tangentialer Richtung (siehe auch Abschn. 5.2.1) aufgrund der
damit geänderten Randbedingungen auch eine Radialbewegung von
Werkstoffelementen nicht ausgeschlossen werden.

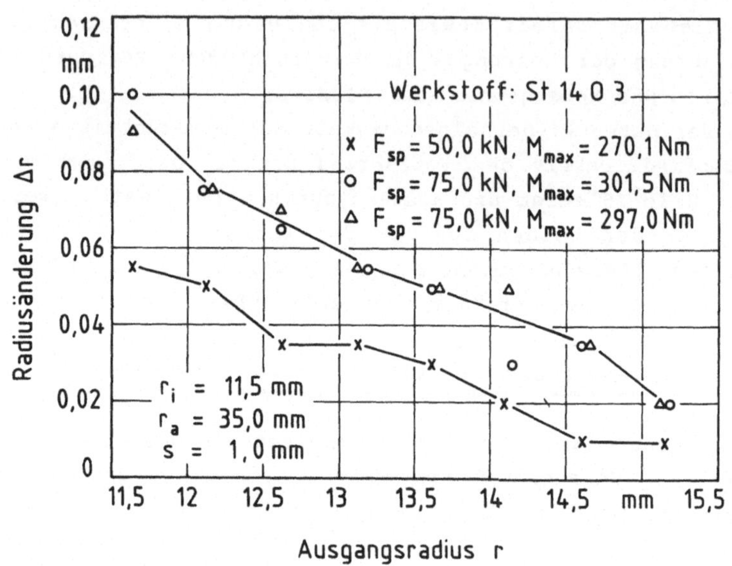

Bild 27: Radiusänderung konzentrischer Kreislinien auf der
Versuchsprobe.

Zur Untersuchung dieses Sachverhaltes wurden auf der Platine
konzentrische Kreislinien in Abständen von 0,5 mm aufgebracht.
Die Durchmesser der Kreise wurden vor und nach der Verdrehung
in den Winkeln 0°, 45° und 90° zur Walzrichtung ausgemessen.
Hierbei ergab sich vor dem Versuch eine Streuung in den verschiedenen Richtungen, die durchschnittlich 0,01 mm betrug und
in der Regel 0,02 mm nicht überschritt. Nach der Verdrehung
konnte eine Aufweitung der Kreise festgestellt werden, wie für
St 1403 in Bild 27 dargestellt. Eine maximale Vergrößerung des
Kreisradius von ca. 0,1 mm klingt zum Außenrand hin kontinuierlich ab. Die radialen Verschiebungen wurden als Mittelwert in
den Diagrammen über dem ursprünglichen Radius aufgetragen.
Unterschiede in den verschiedenen Richtungen lagen im Bereich

von 0,02 bis 0,03 mm.

Obwohl anzunehmen wäre, daß die Höhe der während des Versuches wirksamen Einspannkraft diese Aufweitung beeinflußt, konnte dies in den exemplarisch durchgeführten Untersuchungen nicht bestätigt werden. Hingegen zeigte sich, daß der Grad der Verformung bei gleicher Einspannkraft erheblichen Einfluß ausübt. Nach Abbruch des Versuches bei einem maximalen Drehmoment von M_{max} = 270 Nm wurde im Vergleich zu 301 Nm bei gleicher Einspannkraft von F_{sp} = 50 kN eine erheblich kleinere Radialverschiebung gemessen (Bild 27).

Für den Werkstoff CuZn 30 konnten bei maximaler Verdrehung, die allerdings deutlich unter der anderer Werkstoffe lag, nur erheblich kleinere Aufweitungen im Vergleich zu St 1403 und Al 98,7 verzeichnet werden (Bild 28). Die Erhöhung der Einspannkraft von 5 auf 20 kN brachte auch für den Werkstoff Al 98,7 w keine Änderung der gemessenen Werte.

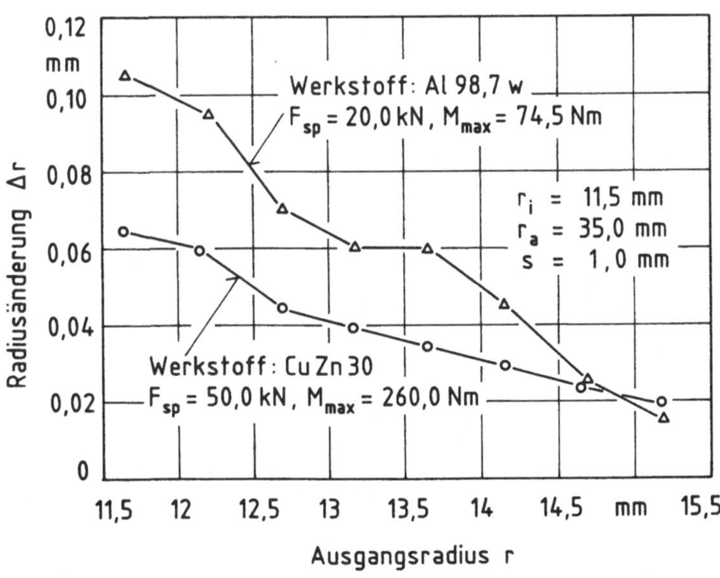

Bild 28: Radiusänderung konzentrischer Kreislinien auf der Versuchsprobe.

6.1.3.2 Änderung der Blechdicke

Die beschriebene Aufweitung der konzentrischen Kreislinien
legte die Vermutung nahe, daß entgegen der angenommenen ebenen
Verformung auch Dickenänderungen auftreten. Dies war auch schon
aufgrund der ebenen Anisotropie zu erwarten (vgl.
Abschn. 3.2.4.2).

Zur Überprüfung des vermuteten Effektes wurden Versuchsplatinen
nach dem Verdrehen mit ausreichendem Aufmaß in vier Richtungen
zerteilt. Die auf diese Weise entstandenen Proben wurden senkrecht eingebettet und durch Drehen und anschließendes Schleifen
so bearbeitet, daß spiegelbildlich zur Drehachse jeweils zwei
zentrische Querschliffe je Richtung analysiert werden konnten.
Die Auswertung dieser Querschliffe erfolgte wiederum unter dem
Meßmikroskop (hier wurde zum Teil eine geringfügige Verwölbung
festgestellt, die die Dickenmessung senkrecht zur Blechoberfläche erschwerte).

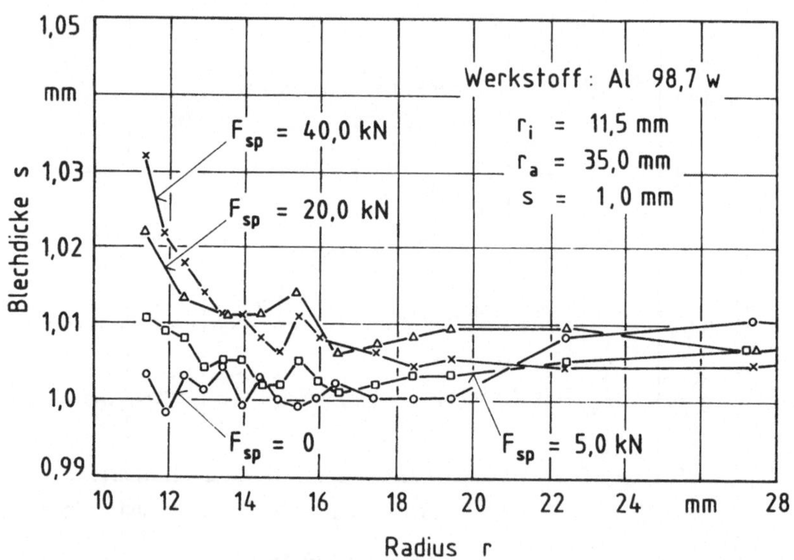

Bild 29: Radialer Verlauf der Blechdicke einer Torsionsprobe.

In Bild 29 sind die Meßergebnissse für den Werkstoff Al 98,7 w
wiedergegeben. Diese Darstellung bestätigt offensichtlich die

vermutete Aufdickung der Versuchsplatine mit einer innerhalb
der plastischen Zone zur Inneneinspanung hin kontinuierlich
zunehmenden Blechdicke. Ein deutlicher Einfluß der Einspannkraft führt auf Blechdickenänderungen, die maximal bei ca. 2 %
bezogen auf die Messung am Außenrand liegen. Bei den dargestellten Werten handelt es sich um die Mittelwerte aus sämt-
lichen Richtungen, die im allgemeinen untereinander ebenfalls
gewisse Unterschiede aufwiesen. Die in den Verläufen festzu-
stellenden Unregelmäßigkeiten deuten auf eine gewisse Unsicherheit in der Messung hin. Dennoch scheint tendenziell nachgewiesen, daß der angenommene ebene Formänderungszustand nur näherungsweise gilt. Dies konnte mit Messungen an St 1403- und
CuZn 30-Blechen ebenfalls bestätigt werden, für die bei den
eingestellten Parameterkombinationen ein qualitativ ähnliches
Verhalten mit maximalen Änderungen von 1 % bis 2 % auftrat.

6.1.3.3 Einfluß des maximalen Drehmomentes

Werden bei vorgegebenem Werkstoff mehrere Torsionsversuche in
unterschiedlichen Belastungsstadien abgebrochen, so müßte sich
theoretisch für jeden Fall der gleiche Fließkurvenverlauf ergeben. Abhängig vom maximalen Drehmoment müßten diese Fließkurven
bei unterschiedlich großen Formänderungen enden.

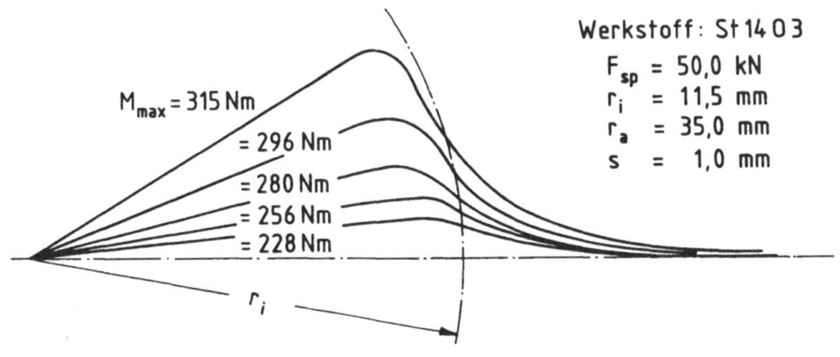

Bild 30: Spiralenverläufe für unterschiedliche Belastungsstadien.

Bild 30 zeigt die Spiralkurven für eine beispielhaft durchgeführte Versuchsreihe an Blechen aus St 14. Bei maximalen Drehmomenten von 228 Nm bis 314 Nm wurden maximale Verdrehwinkel am
Innenrand zwischen 3° und 16° gemessen. Wie erwartet, ergaben
sich unterschiedlich lange Fließkurvenstücke. Diese verliefen
jedoch nicht völlig deckungsgleich. Tendenziell waren erhöhte
Fließspannungen für kleinere Drehmomente zu erkennen, wobei die
Fließkurven für M_{max} = 228 Nm und 256 Nm mit max. 4 % über den
deckungsgleichen Kurven für M_{max} = 296, 301, 310 und 314 Nm
lagen. Der Kurvenverlauf für 280 Nm lag mit einer Abweichung
von ca. 2 % dazwischen.

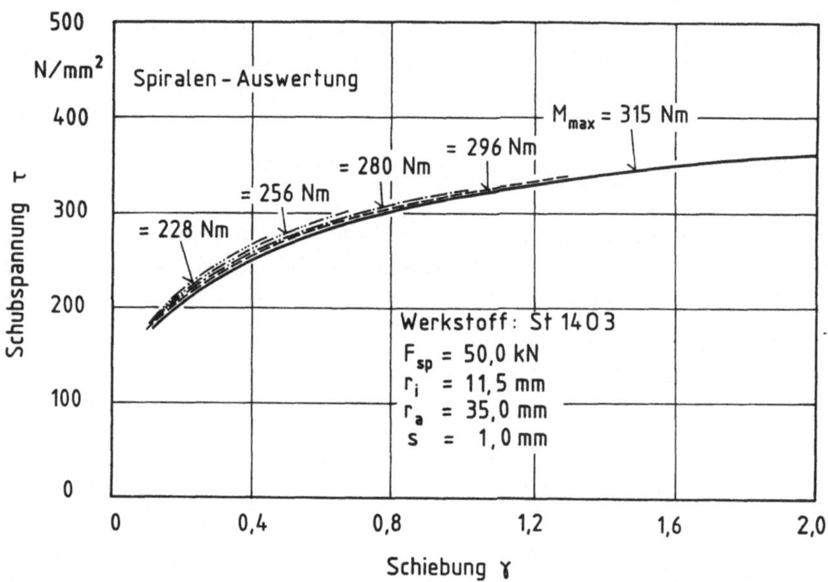

Bild 31: Fließkurven des Werkstoffes St 1403 für unterschiedliche Belastungsstadien.

Wird die mit kleiner werdenden Meßgrößen abnehmende Meßsicherheit, die nach der Fehlerabschätzung keine Wirkung in dieser
Höhe zeigen dürfte, außer Acht gelassen, so könnten Änderungen
der Randbedingungen im Laufe des Versuches eine mögliche Ur-
sache sein. Die innere Randeinspannung geht von einer starren

elastischen in eine mit zunehmenden Abrutscherscheinungen
(Bild 30) weicher werdende plastische über, wodurch sich die
Randauswirkungen abschwächen; gleichzeitig ändert sich die
Verformungsgeschwindigkeit (siehe Abschn. 6.2.4.1).
Elastische Rückfederungseffekte würden sich zwar in der festge-
stellten Richtung auswirken, sind jedoch um einiges kleiner.
Aufgrund der stark inhomogenen Formänderungsverteilung ist ein
vollständiger Abbau elastischer Formänderungen ohnehin nicht zu
erwarten. Diese verbleiben zu einem großen Teil als Eigenspan-
nungen in der Versuchsprobe.
Auch für die anderen Werkstoffe konnten ähnliche Effekte festgestellt werden. Beim Vergleich zweier Fließkurven desselben
Werkstoffes sollte folglich beachtet werden, daß die Formänderungen bzw. das maximale Drehmoment in der gleichen Größenordnung liegen.
Die Theorie geht davon aus, daß für jeden Radialabstand von der
Drehachse das gleiche Werkstoffverhalten vorliegt und somit die
gleiche Fließkurve gilt. Dies konnte anhand einer im Laufe der
Untersuchungen gemachten Beobachtung näher überprüft werden.

Bild 32: Polierte Versuchsprobe des Werkstoffes St 1403 (II)
         mit ausgeprägter Streckgrenze.

Neben dem Standard St 1403 (I) wurde eine Charge (II) geprüft,
die im Flachzugversuch eine ausgeprägte Streckgrenze aufwies.

Bei diesen Blechen konnte eine Aufrauhung der Blechoberfläche bis zu einem deutlich abgegrenzten Radialabstand beobachtet werden. Der Einsatz von polierten Proben dieses Werkstoffes (Bild 32) diente zur näheren Untersuchung der Verlagerung dieses ausgezeichneten Radius mit zunehmendem Drehmoment.
Der Durchmesser der aufgerauhten ringförmigen Zone (Bild 32) wurde an sechs Punkten des Umfangs unter dem Meßmikroskop erfaßt. Hieraus konnte nach Mittelwertbildung über das gemessene Drehmoment die entsprechende Schubspannung berechnet werden. Wie aus Bild 33 deutlich wird, sinkt diese Schubspannung an der Fließgrenze mit zunehmendem Drehmoment, d.h. zunehmendem Abstand von der Drehachse ab. Im untersuchten Bereich waren Änderungen von 12 % festzustellen. Die gegenübergestellten Meßwerte für eine geringere Einspannkraft von F_{sp} = 15 kN zeigen ein qualitativ ähnliches Verhalten, wobei jedoch der Verlauf bei deutlich niedrigerem Niveau liegt. Dies legt den Schluß nahe, daß durch die Einspannkraft induzierte Verfestigungseffekte für eine Erhöhung der Fließspannung im Innenrand-

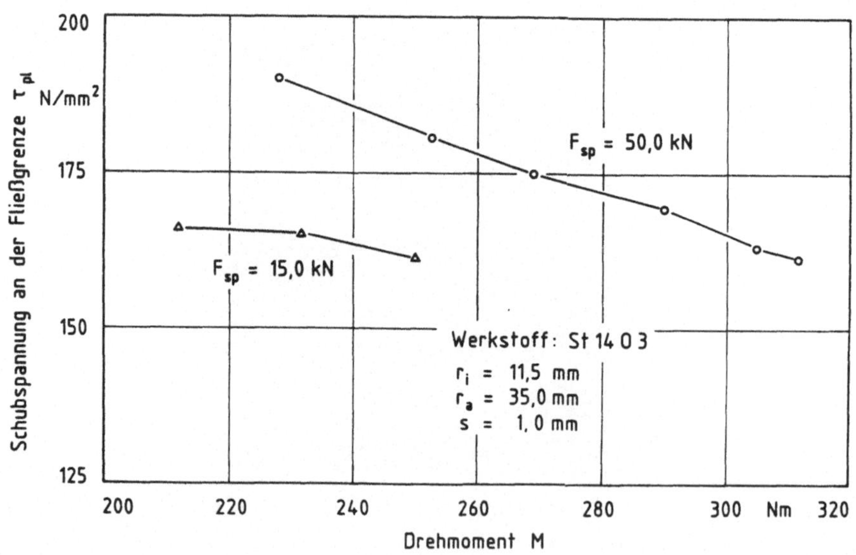

Bild 33: Schubspannung an der Streckgrenze für unterschiedliche Belastungsstadien.

bereich verantwortlich sind. Hierdurch könnten auch die vorher
diskutierten Unterschiede bei unterschiedlicher maximaler Belastung erklärt werden. Bei kleinem maximalem Drehmoment liegt
der auszuwertende Spiralenverlauf sehr dicht an der Inneinein-
spannung, während mit zunehmender Belastung eine Ausdehnung der
plastischen Zone zum Außenrand hin erfolgt. Hierdurch befindet
sich gerade der zu vergleichende Anfangsteil der Fließkurve in
gewissem Abstand zur Einspannung. Bei geringen Verformungen
werden sich die angesprochenen Verfestigungseffekte ohnehin
stärker auswirken. Mit dieser Betrachtung sollen jedoch die
oben diskutierten versuchskinematischen Effekte nicht ausgeschlossen werden, denn mit abnehmender Einspannkraft sind zunehmende Relativbewegungen zwischen Blech und Einspannung verbunden, die durch geänderte Verformungsgeschwindigkeiten möglicherweise gerade Streckgrenzeneffekte beeinflussen können.
Im Gegensatz zu den in /21/ geäußerten Feststellungen könnten
unterschiedliche Spannungsgradienten abhängig vom Radialabstand
unter Umständen ebenfalls gewisse Auswirkungen haben. Soweit
dies beurteilt werden kann, scheinen die Ergebnisse in /21/ mit
einer weit höheren Unsicherheit behaftet.
Die Begrenzung der plastischen Zone, wie sie in der oben beschriebenen Untersuchung vermessen wurde, wies infolge der
ebenen Anisotropie richtungsabhängige Durchmesserunterschiede
bis zu 0,2 mm auf.

6.1.3.4   Orientierung der Anrißlinien

Im Zugversuch zeigen die meisten Blechwerkstoffe infolge ebener
Anisotropie ein vom Winkel zur Walzrichtung abhängiges Ver-
festigungsverhalten.
Dem Charakter des ebenen Torsionsversuches entspricht grund-
sätzlich eine Mittelwertbildung über alle Richtungen in der
Blechebene, da stets Werkstoffelemente aller Richtungen an der
Verformung beteiligt sind. Außerdem wird als spannungscharakte-
risierende Größe der Integralwert des Drehmomentes gemessen.
Dennoch kann die Betrachtung einzelner Radiuslinien eine inte-
ressante Aussage über das Verhalten des Bleches geben.

Zur Untersuchung dieses Sachverhaltes wurden die in den Orientierungen 0°, 45° und 90° zur Walzrichtung aufgebrachten Anrißlinien einzeln (d.h. jeweils zwei gegenüberliegende Äste) ausgewertet. In Bild 34 sind die Ergebnisse für den Werkstoff St 1403 dargestellt, für den im Zugversuch die größte ebene Anisotropie festgestellt wurde. Es wird deutlich, daß sich unterschiedliche Fließkurvenverläufe einstellen. Die 0°- und 90°-Richtung liegen bis $\gamma = 1,6$ sehr dicht beieinander, während die Fließkurven für 45° im ganzen Verlauf ca. 3 % bis 4 % darunter liegen. Diese Abweichung liegt deutlich außerhalb des Streubereiches. Die dargestellten Ergebnisse waren gut reproduzierbar, wobei durch willkürliches Einlegen der Platinen Effekte der nicht ganz rotationssymmetrischen Einspannung ausgeschlossen werden können. Somit kann dieses Verhalten auf die ebene Anisotropie des Bleches zurückgeführt werden.

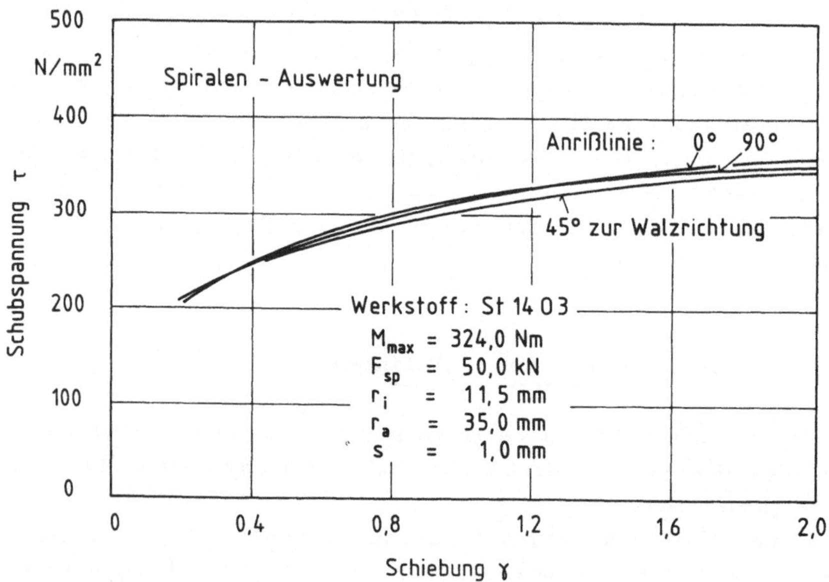

Bild 34: Fließkurven für St 1403 für unterschiedliche Orientierung der Anrißlinien.

Beim Zugversuch wurden für Proben, die unter 45° zur Walzrichtung entnommen wurden, gegenüber 0° und 90° erhöhte Fließspannungen ermittelt. Wird beachtet, daß im ebenen Torsionsversuch die Hauptrichtungen jeweils unter 45° zu den Radien verlaufen, können Parallelen zum Zugversuch gezogen werden. Allerdings kann dies nur eine qualitative Aussage bleiben, da eine grundsätzlich andere Versuchskinematik vorliegt und ebenfalls keine Angaben zur Änderung der Anisotropiehauptrichtungen gemacht werden können.

Als Folge einer solch ungleichmäßigen Verzerrung der Radiuslinien abhängig von der Orientierung zur Walzrichtung müssen sich, wie bereits angesprochen bei der Annahme eines gleichbleibenden Volumens richtungsabhängige Dickenänderungen ergeben. Diese können jedoch nur sehr schwer erfaßt werden und beeinflussen ihrerseits die Schubspannung.

Für die Werkstoffe Al 98,7 w und CuZn 30 konnten keine nennenswerten Unterschiede im Verfestigungsverlauf beobachtet werden. Die am Beispiel des Werkstoffes St 1403 dargelegten Beobachtungen wurden mit den Prüfung von X5 CrNi 18 9 bestätigt, der für die 45° Richtung höhere Fließspannungen aufwies. Bei Zuordnung der Hauptachsrichtungen ergibt sich wiederum eine qualitative Übereinstimmung mit dem Verhalten im Zugversuch.

Als Fazit dieser Untersuchung ist beim Vergleich von Fließkurven sicherlich anzuraten, diese aus möglichst gleich vielen, jeweils in gleichen Richtungen angeordneten Anrißlinien zu bestimmten.

6.1.4 Parameteruntersuchungen

6.1.4.1 Einfluß der Einspannkraft

Die Einspannkraft, mit der die Blechprobe in der Prüfvorrichtung aufgenommen wird, ist einer der wichtigsten Verfahrensparameter, der im Hinblick auf eine Beeinflussung der Versuchsergebnisse überprüft werden mußte. Kritisch ist dabei die Inneneinspannung (siehe auch Abschn. 4.2), die sich aufgrund der kleinen Fläche bezüglich der Momentenübertragung ungünstig verhält. Bei mechanischer Einspannung der Proben (im Gegensatz zur Klebung, siehe Abschn. 4.2) muß abhängig von der Festigkeit des Werkstoffes eine bestimmte Kraft aufgebracht werden, um überhaupt erst das Eindringen des Spannbackenoberflächenprofils und somit einen Formschluß zu ermöglichen. Zur Übertragung eines Drehmomentes wird eine möglichst starre Einspannung gefordert, welche nur mit ausreichend hoher Einspannkraft realisiert werden kann (s. auch Abschn. 6.2). Mit zunehmender Einspannkraft tritt jedoch eine Plastifizierung des Bleches unter der Spannbacke auf, die im Extremfall zur Schädigung des Werkstoffes, im Normalfall zumindest zu einer Störung des Spannungszustandes im Innenrandbereich führen kann. Im Gegensatz zum Zugversuch grenzt die Einspannung direkt an den interessierenden Bereich größter Formänderungen.

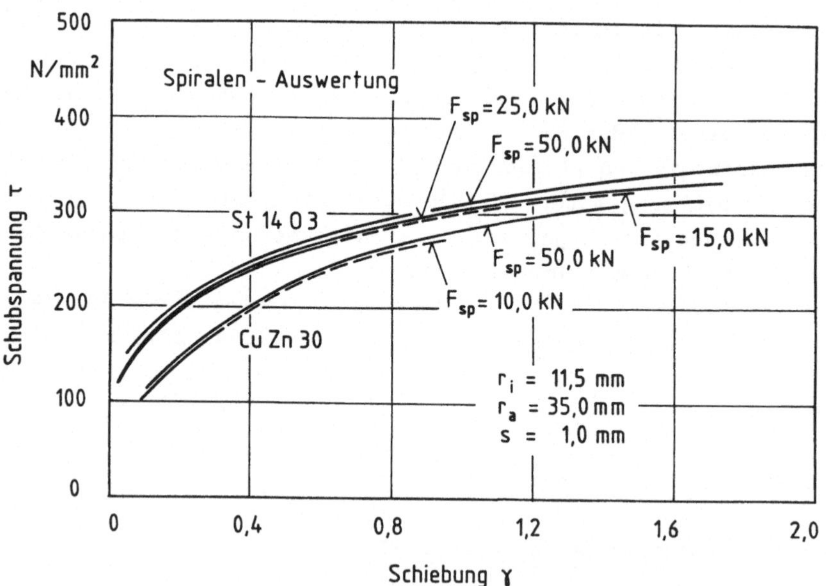

Bild 35: Fließkurven der Werkstoffe St 1403 und CuZn 30 für unterschiedliche Einspannkräfte.

Bild 35 zeigt die Fließkurven der Werkstoffe St 1403 und CuZn 30 für unterschiedliche Einspannkräfte. Offensichtlich hat die Erhöhung der Einspannkraft eine Verschiebung der Fließkurve

zu höheren Fließspannungswerten zur Folge. Trotz starker Veränderung der Einspannkraft wurden für St 1403 zwischen F_{sp} = 15
und 50 kN nur Abweichungen zwischen 3 % und 4 %, für CuZn 30
zwischen 10 und 50 kN etwa 2 % festgestellt.

Die Untergrenze für die Einspannkraft ergab sich für beide
Werkstoffe daraus, daß bei weiterer Verringerung ein vollstän-
diges Abrutschen des Bleches in der Inneneinspannung erfolgte,
ohne daß im freien Platinenbereich nennenswerte Formänderungen
erzielt wurden.

Für St 1403 konnte erst mit F_{sp} = 15 kN eine auswertbare Spira-
lenverzerrung registriert werden, die allerdings nur Werte bis
γ = 0,7 lieferte. Erfolgt jedoch zunächst eine Einprägung des
Spannbackenoberflächenprofils mit F_{sp} = 50 kN, so kann ein
Versuch mit einer abgesenkten Einspannkraft von F_{sp} = 15 kN bis
γ = 1,4 durchgeführt werden. Hierbei ergibt sich , wie aus
Bild 35 zu entnehmen ist, ein absolut deckungsgleicher Verlauf
bis γ = 0,7 bei niedrigen Fließspannungen wie für F_{sp} = 15 kN
und somit lediglich eine höhere erreichbare Formänderung. Die
gleiche Vorgehensweise führte für CuZn 30 bei F_{sp} = 10 kN auf
den in Bild 35 mit der durchgezogenen und gestrichelt verlän-
gerten Linie dargestellten Verlauf.

Aufgrund der niedrigen Fließspannung des Reinaluminiumwerkstof-
fes Al 98,7 w ergab sich für diesen die Möglichkeit, eine
Klebeverbindung (siehe auch Abschn. 4.2) einzusetzen und somit
auf eine Einspannkraft ganz zu verzichten, was für die anderen
Werkstoffe nicht möglich war. Der in Bild 36 mit F_{sp} = 0 kN
gekennzeichnete Fließkurvenverlauf gibt das Ergebnis bei Verwendung geklebter Innenspannbacken wieder, während die übrigen
mit der üblichen mechanischen Einspannung (Bild 11a) gewonnen
wurden. Es ist anzumerken, daß auch bei der Klebung der Radius
$r = r_i$ nicht während des gesamten Vorganges festgehalten werden
konnte. Ähnlich den Abschererscheinungen bei mechanischer Einspannung durch Formschluß, bricht die Klebung nach bestimmter
Belastung in einem ringförmigen Bereich auf, wodurch sich der
Werkstoff ebenfalls unter der Einspannung verformen kann.

Es zeigt sich für Al 98,7 w ein deutlicher Effekt der Einspannkraft, der zunehmend eine Erhöhung der Fließspannung bewirkt.
Allerdings war eine Art Sättigung zu beobachten, denn die

Einspannkräfte F_{sp} = 40, 30, 20 und 10 kN führten reproduzierbar zu nahezu übereinstimmenden Ergebnissen.

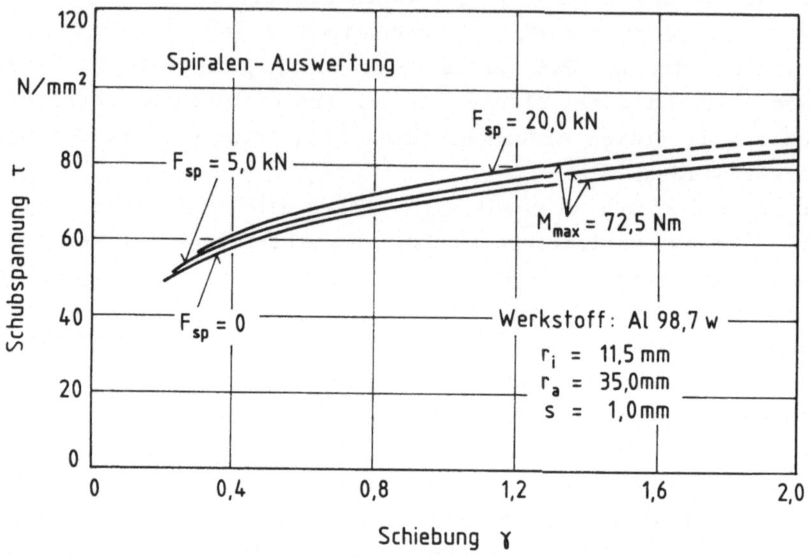

Bild 36: Fließkurve des Werkstoffes Al 98,7 w für unterschiedliche Einspannkräfte.

Gegenüber der ohne Einspannkraft ermittelten Kurve können pro-
zentual etwa konstante Erhöhungen von ca. 3 % für 5 kN und ca.
6,5 % für die übrigen Einspannkräfte festgestellt werden. Um
Einflüsse der in Abschn. 6.1.3 diskutierten maximalen Belastung
oder der fortschreitenden Verformung auszuschließen, wurden die
Fließkurven sowohl für ein konstantes maximales Drehmoment als
auch für etwa gleiche Verformungen ermittelt. Hierbei konnten
für die betrachteten Fälle keine Unterschiede im Fließkurvenverlauf festgestellt werden, was in Bild 36 mit den durchgezogenen und gestrichelten Kurvenbereichen angedeutet wird.
Die nahezu konstanten relativen Abweichungen legten zunächst
die Vermutung nahe, daß möglicherweise die Drehmomentmeßscheiben für unterschiedliche Ein-(bzw. Vor-)spannkräfte eine unterschiedliche Charakteristik aufweisen. Da der Drehmomentmeßwert

in jeden Punkt der Fließkurve gleichermaßen eingeht, wäre eine Auswirkung wie festgestellt denkbar. Diese Vermutung konnte jedoch mit Kalibrierversuchen nicht bestätigt werden. Außerdem schließt der Hersteller nach ausführlicher Schilderung der Problematik einen solchen Meßeffekt aus.

Daß Verfestigungserscheinungen zu Beginn des Einspannvorganges für die gezeigte Abhängigkeit verantwortlich sind, konnte durch die für St 1403 und CuZn 30 geschilderte Versuchsführung widerlegt werden. Für Al 98,7 w wurden in zahlreichen Versuchen zunächst 20 oder 10 kN aufgebracht, der tatsächliche Versuch jedoch bei 5 kN durchgeführt. In allen Fällen war das Ergebnis ein Fließkurvenverlauf, der dem für F_{sp} = 5 kN entsprach, aber bis zu höheren Verformungen bestimmt werden konnte. Der Einfluß einer Anfangsverfestigung hätte auf diese Weise festgestellt werden müssen.

Bei normaler Versuchsdurchführung ist jedoch während des gesamten Verdrehvorganges durch das hydraulische Spannsystem eine konstante Kraft wirksam. Die Verlagerung der Fließkurve zu höheren Fließspannungen, die tendenziell für alle Werkstoffe festgestellt wurde, ist insofern verwunderlich, als mit der Einspannkraft zusätzliche Spannungen aufgebracht werden. Diese unterstützen die Verformung und werden bei der Auswertung nicht berücksichtigt. Nach dieser Überlegung müßten sich mit zunehmender Einspannkraft niedrigere Fließkurvenverläufe ergeben.

Des weiteren erstreckt sich die Verlagerung der Fließkurvenverläufe über den gesamten Wertebereich, obwohl eigentlich Störungen nur im innenrandnahen Bereich, d.h. im Bereich großer Formänderungen, zu erwarten gewesen wären.

Der Grund für das festgestellte Verhalten muß deshalb vermutlich in der Abweichung vom angenommenen Formänderungs- und Spannungszustand gesucht werden. Wird allein die in Abschn. 6.1.3 diskutierte Aufdickung (speziell für Al 98,7 mit $\bar{r}$ = 0,6!) betrachtet, so wird in der Auswertung durch eine zu klein angesetzte Scherfläche eine zu große Schubspannung berechnet. Der Gesamteffekt ist jedoch in einem Zusammenwirken von zusätzlichen Spannungs- und Formänderungsgrößen und damit in Zusammenhang stehenden Verfestigungseffekten zu sehen.

Die Wirkung der absoluten Höhe der Einspannkraft hängt sicherlich vom jeweiligen Festigkeits- und Verformungsverhalten des geprüften Werkstoffes ab. Werden die für Al 98,7 w untersuchten Einspannkräfte auf die Spannfläche bezogen und durch den Wert einer mittleren Fließspannung dividiert, so liegen für St 1403 bei 25 kN etwa gleiche Verhältnisse wie für Al 98,7 w bei 5 kN und CuZn 30 bei 20 kN vor. Ausgehend von der ca. 3 %igen Abweichung zwischen der Kurve für Al 98,7 w bei F_{sp} = 5 kN und derjenigen, die ohne Einspannkraft ermittelt wurde, dürften für die in Bild 35 dargestellten Kurven für St 1403 bei 15 kN und CuZn 30 bei 10 kN keine nennenswerten Störungen durch die Einspannkraft mehr vorliegen. Kinematische Effekte können jedoch nicht getrennt werden und bleiben als Unsicherheit.

Selbst wenn die Übertragbarkeit in der angedeuteten Weise nicht quantitativ vorgenommen werden kann, gibt sie dennoch Hinweise zur Größenordnung der Einflüsse. Die beobachteten konstanten, relativen Änderungen zeigen, daß durch den Einfluß der Einspannung keine lokal begrenzten Störungen auftreten und somit der relative Verlauf der Fließkurve sich nur wenig ändert.

6.1.4.2 Variation des Innenspannbackenradius

Mit der Veränderung der Geometrieverhältnisse ändert sich das Drehmoment, das zur Realisierung bestimmter Spannungen im freien Bereich der Versuchsprobe benötigt wird. Gleichzeitig verändert sich die absolute Ausdehnung der plastischen Zone. Der Einfluß des Innenspannbackenradius r_i wurde an den Abmessungen r_i = 7,5; 11,5 und 20 mm überprüft, wobei Versuche im gesamten Parameterbereich aus bereits erwähnten meßtechnischen Gründen nur mit Al 98,7 w durchgeführt werden konnten.

Aufgrund des in Abschnitt 6.1.3.3 dargelegten Einflusses der Einspannkraft, speziell bei Al 98,7 w, muß diese auch in die Betrachtungen zur Variation des Innenspannbackenradius einbezogen werden. Durch unterschiedliche Spannflächen liegen bei gleicher Einspannkraft unterschiedliche Spannungen vor, die unterschiedliche Störungen verursachen können. Die in Bild 37 dargestellten, in Auswertepunkte aufgelösten Fließkurven für die drei verschiedenen Innenradien wurden bei der gleichen Einspannkraft F_{sp} = 5 kN ermittelt. Aus dieser Darstellung können geringe Abweichungen entnommen werden, die jedoch tatsächlich ca. 1,5 % nicht übersteigen, was zeichentechnisch nicht wiedergegeben werden konnte.

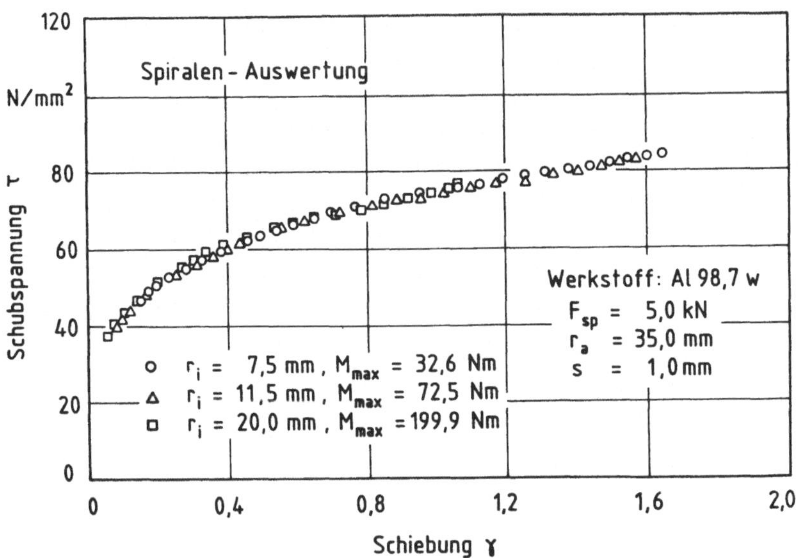

Bild 37: Fließkurven von Al 98,7 w für verschiedene Innenradien.

Der Einfluß des Innenspannbackenradius auf das Meßergebnis ist nach den vorliegenden Erfahrungen im untersuchten Bereich vernachlässigbar. Dies konnte mit Ergebnissen für St 1403, CuZn 30 und X5 CrNi 18 9 bestätigt werden, die jeweils mit r_i = 7,5 mm und 11,5 mm geprüft wurden.

Ausgehend von den theoretischen Grundlagen des Momentengleichgewichtes (s. Gl.(5)), verhalten sich die absoluten radialen Ausdehnungen der plastischen Zone bei gleicher Maximalspannung am Innenrand für r_i = 7,5 mm, 11,5 mm und 20 mm wie 1 : 1,53 : 2,65. Dieser Sachverhalt ließ sich näherungsweise experimentell nachweisen, obwohl zum direkten Vergleich für die drei Versuche alle Parameter wie bezogenes maximales Drehmoment oder bezogene Einspannkraft übereinstimmend gewählt werden müßten. Die Absolutwerte lagen bei Versuchen, die bis γ = 1,6 durchgeführt wurden, für r_i = 7,5 mm bei ca. 4 mm und für

r_i = 20 mm bei 12 mm. Zur Gewährleistung einer vergleichbaren Meßauflösung müssen bei einer Verkleinerung der plastischen Zone zwangsläufig die Schrittweiten der Meßschritte entsprechend angepaßt werden. Hierdurch verkleinern sich die Meßgrößen x und y, da die Verdrehwinkel näherungsweise gleich bleiben (vgl. Gl.(47)). Wie in Abschnitt 6.1.1 aufgezeigt, können Meßwertschwankungen sehr gut beobachtet werden, wenn durch direkte Differentiation ausgewertet wird. Bild 38 gibt eine Gegenüberstellung der Ergebnisse für r_i = 7,5 mm, 11,5 mm und 20 mm wieder. Mit zwei Hüllkurven kann um eine geglättete Kurve ein Streuband von ± 1,5 % bis 3,5 % angegeben werden. Wie zu erwarten, wirken sich Meßwertstreuungen besonders im Anfangsbereich der Fließkurve aus, wobei sich diejenigen für r_i = 7,5 mm und 20 mm nur unwesentlich unterscheiden.

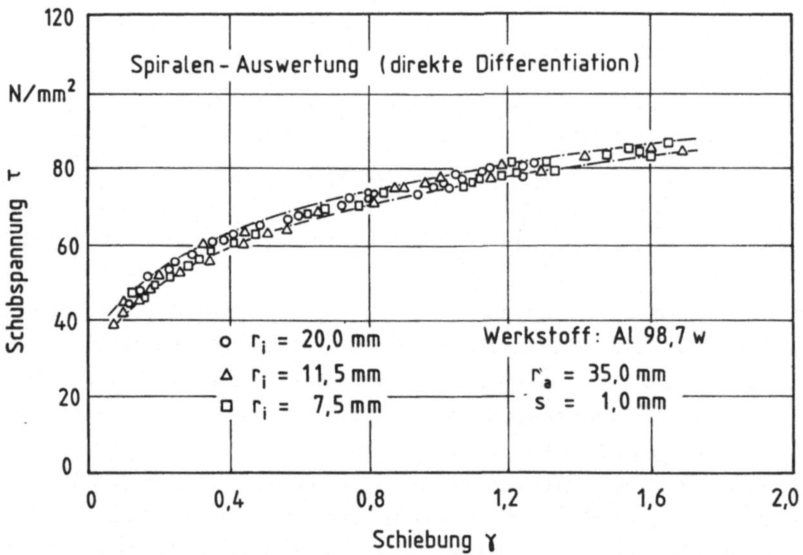

Bild 38: Streuung der Auswertepunkte für verschiedene Innenradien.

Wird bei der Interpretation zusätzlich eine mögliche Streuung der Werkstoffeigenschaften von Blech zu Blech berücksichtigt, so kann mit guter Zuverlässigkeit geschlossen werden, daß im Bereich der untersuchten Innenradien die Meßunsicherheit klein bleibt und mit der beschriebenen Vorgehensweise in allen Fällen verläßliche Ergebnisse erzielt werden. Diese Aussage kann nach den experimentellen Erfahrungen auf die Werkstoffe St 1403, CuZn 30 und X5 CrNi 18 9 übertragen werden. Für Werkstoffe mit sehr kleinem Verfestigungsexponenten müßte allerdings dieser Sachverhalt neu überprüft werden.

Grundsätzlich kann jedoch aus den Untersuchungsergebnissen gefolgert werden, daß hinsichtlich der Meßsicherheit in gewissen Grenzen ein größerer Innenradius zu bevorzugen ist, da sich der Gradient der Formänderungen bezogen auf die Meßgrößen hierdurch abschwächt. Mit zunehmendem Innenradius treten jedoch andere Probleme wie das der erhöhten Faltenneigung auf (vgl. Abschn. 7.2).

6.1.4.3 Variation der Innenspannbackenfläche

Neben dem Standardoberflächenprofil, wie in Abschn. 4.2 dargestellt, wurden zum Vergleich Spannbacken mit gekreuzten Rillen eingesetzt. Exemplarische Untersuchungen zeigten, daß ein geringfügiger Einfluß besteht, der sich jedoch nur bei Al 98,7 w sichtbar im Ergebnis niederschlug. Da bei gleicher Einspannkraft aufgrund des geänderten Traganteils eine andere bezogene Einspannkraft wirkt, war nach dem in Abschn. 6.1.4.1 festgestellten Einfluß eine Wirkung zu erwarten. Bei Verwendung der gekreuzten Rillen konnte eine Verschiebung der Fließspannungen zu niedrigeren Werten festgestellt werden. Das Maß dieser Verschiebung ist offensichtlich von der Höhe der Einspannkraft abhängig. So ergaben sich für F_{sp} = 5 kN Unterschiede von max. 1,5 % und für F_{sp} = 20 kN ca. 2,5 %.
Bei Werkstoffen mit höheren Fließspannungen wurde ein früheres Einsetzen des Abscherens unter der Inneneinspannung beobachtet.

6.1.4.4 Variation des Außenspannbackenradius

Die Vergrößerung des Außenspannbackenradius von der Standardabmessung r_a = 35 mm auf r_a = 80 mm blieb für Fälle, bei denen die plastische Zone den Außenrand nicht erreichte, ohne Auswirkung auf den resultierenden Fließkurvenverlauf. Dies wurde bei einem Innenradius r_i = 11,5 mm für alle Hauptversuchswerkstoffe nachgewiesen.

Mit der Ausdehnung der plastischen Zone bei größeren Innenradien ergibt sich die Problematik, daß am Außenrand plastische Formänderungen auftreten. Dann kann eine Beeinflussung der Spiralenverformung durch die äußere Randeinspannung nicht mehr ausgeschlossen werden.

Dieser Fall war für r_i = 20 mm , r_a = 35 mm beim Werkstoff Al 98,7 w gegeben, für den im Gegensatz zu kleineren Radien ein deutlicher Knick der Radiuslinien beim Übergang vom freien auf den äußeren Spannbereich zu beobachten war. Da sich mit dem Übergang zum Außenradius r_a = 80 mm die Neigung zur Faltenbildung erhöhte, war eine Überprüfung im geplanten Umfang nicht möglich. Im überdeckenden Bereich der Fließkurven, der etwa bis γ = 1,0 reichte, konnten nur geringfügige Abweichungen der Fließspannung festgestellt werden. Dabei lagen die Kurven für r_a = 80 mm bei kleinen Umformgraden ca. 1 % höher als diejenigen für r_a = 35 mm.

6.1.4.5 Variation der Blechdicke

Für den Werkstoff Al 98,7 w wurden die Blechdicken s = 0,5 mm; 1,0 mm und 2,0 mm untersucht.

Bei Versuchen mit der kleinsten Blechdicke s = 0,5 mm konnte nur für den Innenradius r_i = 7,5 mm ein halbwegs brauchbares Ergebnis erzielt werden, da in den anderen Fällen schon sehr früh Falten auftraten. Der Vergleich mit den nahezu übereinstimmenden Ergebnissen der Dicken s = 1,0 mm und 2,0 mm zeigte einen etwas erhöhten Verlauf für s = 0,5 mm, der wohl mit der größeren bezogenen Einspannkraft zusammenhängen dürfte. Die Gegenüberstellung machte deutlich, daß in allen Fällen realistische Fließkurven erzielt werden konnten. Eine genaue Übereinstimmung war schon aufgrund der unterschiedlichen Verfestigungseigenschaften, wie sie im Zugversuch festgestellt wurden, nicht zu erwarten.

Für die Blechdicke s = 2,0 mm konnten die Abhängigkeiten von den Versuchsparametern, wie in den vorangegangenen Abschnitten für s = 1,0 mm beschrieben, bestätigt werden.

6.1.5   Abschließende Bemerkungen

Die experimentellen Erfahrungen zeigen, daß die Spiralenmethode grundsätzlich zur Versuchsauswertung praktikabel ist, obwohl die sehr hohen Spannungs- und Formänderungsgradienten dies nicht unbedingt erwarten ließen. Dabei wurde mit dem Aufbringen von Anrißlinien ein sehr einfaches Verfahren gewählt, das einige Fehlerquellen in sich birgt (Linienbreite, Zentrizität). Die äußerst gute Reproduzierbarkeit deutet jedoch darauf hin, daß die Güte der Linien ausreichend war und entsprechende Abweichungen beherrscht werden konnten.

Dennoch kann die Spiralenauswertung in der praktizierten Weise nur als Labormethode gesehen werden. Die manuelle Durchführung erfordert einen immensen Auswerteaufwand.

Bei der Erfassung der verzerrten Radiuslinien waren pro Versuchsplatine ca. 180 Meßwertpaare zu ermitteln. Mit der Berechnung von gemittelten Größen und der Eingabe in das Auswerteprogramm kann die Auswertedauer mit ca. 1 h angegeben werden, was für die Praxis nicht tragbar ist.

Könnten die Meßdaten vom Meßmikroskop direkt auf einen vom Auswerteprogramm lesbaren Datenträger abgelegt werden, was prinzipiell Stand der Technik ist, so wäre der Aufwand erheblich niedriger. Allerdings wäre auch dann noch der enorme Meßaufwand zu betreiben. Damit im Zusammenhang stehen Probleme durch die starke Augenbelastung der Person, die die Messung durchführt, und durch subjektive Einflüsse, die von der Sorgfalt und der Einschätzung von Schnittpunkten bei unscharfem Kantenverlauf abhängen.

Ein Schritt, der diesem Verfahren zum praktischen Einsatz verhelfen könnte - allerdings mit entsprechendem technischen Aufwand verbunden -, wäre die Verwendung eines automatischen Bilderkennungssystems, das den Verlauf der Spiralen objektiv erfaßt und ein automatisches Handling der Daten gestattet. Würde zusätzlich eine bessere Probenvorbereitung, etwa durch Anätzen eines polaren Netzsystems durchgeführt, so könnte das Verfahren auch für die Praxis interessant werden.

6.2   DREHMOMENT-VERDREHWINKELMETHODE

Die Drehmoment-Verdrehwinkelmethode wurde wie in Abschnitt 5.2.2.2 beschrieben durchgeführt, wobei zur Erfassung des Drehwinkels ϑ_r,* an der Blechoberfläche 4 oder 8 Mitnehmerspitzen eingesetzt wurden. Diese Spitzen verhaken sich durch eine von den Einspannbedingungen abhängige Kraft in der Blechoberfläche und folgen der Verdrehung.

Obwohl deutliche Eindrücke in der Blechoberfläche festgestellt wurden, konnte bei der Auswertung keine Beeinflussung des Verformungsvorganges beobachtet werden. Zum Nachweis wurden Versuchsbleche ohne direkte Winkelmessung und solche, bei denen der Winkel mit 4 oder 8 Mitnehmerspitzen abgegriffen wurde, nach der Spiralenmethode ausgewertet und gegenübergestellt. Es konnte kein Unterschied im resultierenden Fließkurvenverlauf festgestellt werden.

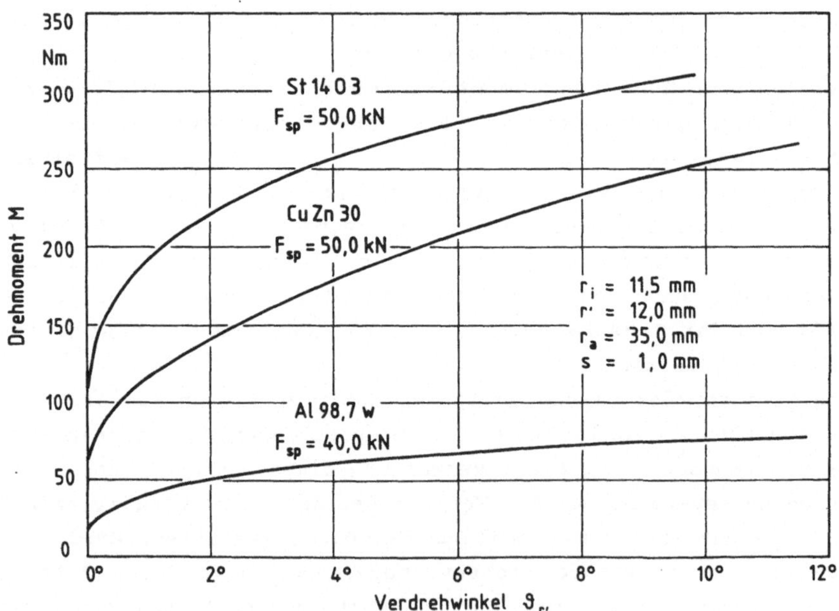

Bild 39: Drehmoment-Verdrehwinkelverläufe.

Alle im folgenden dargestellten Ergebnisse wurden, soweit dies
für die einzelnen Untersuchungen relevant war, aus Messungen an
den gleichen Versuchsproben gewonnen, die in Abschn. 6.1 nach
der Spiralenmethode ausgewertet wurden.
Bild 39 zeigt die Drehmoment-Verdrehwinkelverläufe für die
Versuchswerkstoffe St 1403, Al 98,7 w und CuZn 30. Diese Meßergebnisse wurden bereits durch Subtraktion der Winkelmeßgrößen
um den Winkelmeßfehler bereinigt. Bei maximalen Verdrehwinkeln
zwischen 9° und 12° trat für die angegebenen Versuchsbedingungen lediglich bei CuZn 30 Werkstofftrennung entlang des Innen-
randes auf. Für die Werkstoffe Al 98,7 w und St 1403 bestehen
möglicherweise noch gewisse Formänderungsreserven, die jedoch
im Hinblick auf eine störungsfreie Auswertung nicht ausgenutzt
wurden.

6.2.1   Vergleich der Verfahren der Datenauswertung

Zur Überprüfung der Verfahren zur Datenauswertung wurden einer-
seits theoretische Betrachtungen unter Vorgabe bestimmter
Fließkurven durchgeführt; andererseits wurden Versuchsergebnisse analysiert.

6.2.1.1 Exemplarische Überprüfung

Wie formelmäßig hergeleitet werden kann, stimmen die Ergebnisse
der beiden in Abschn. 5.2.2.1 und 5.2.2.2 beschriebenen Auswerteverfahren überein, wenn die Fließkurve einer Potenzfunktion
entspricht. Für diesen Fall, für den prinzipiell keine Näherungsmethode notwendig wäre, ergibt sich für die Methode der
linearen Abbildung zwar eine deckungsgleiche Fließkurve, allerdings müssen durch die Transformation der Auswertedaten auf den
kritischen Radius erhebliche Beschränkungen des Wertebereiches
in Kauf genommen werden. Der für die Methode der linearen
Abbildung hergeleitete kritische Radius r_n ist im Bereich realistischer Radienverhältnisse immer größer als r_i, wodurch sich
bei Verwendung der linearen Beziehungen (Gln.(63) und (64))
eine grundsätzliche Beschränkung ergibt, die vom Exponenten n_0
der Näherungsfunktion abhängt. Bild 40 zeigt die prozentuale

Verkleinerung des Wertebereiches in den Schubspannungs- und Schiebungswerten für praxisübliche n-Werte. Es wird deutlich, daß sich die Verhältnisse hinsichtlich der Schiebungen mit ansteigendem n-Wert und viel stärker noch mit wachsendem Radienverhältnis r'/r_a verbessern.

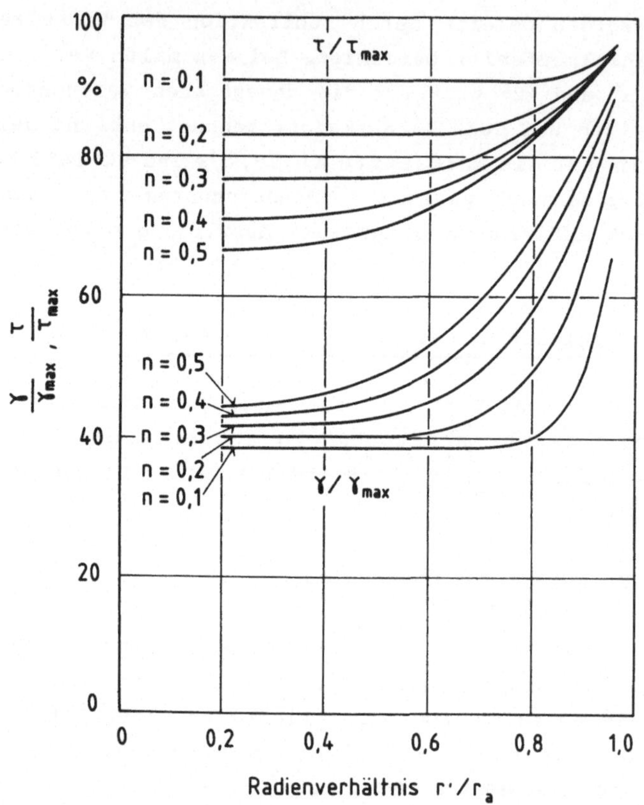

Bild 40: Beschränkung des Wertebereiches bei linearer Auswertung.

Für die experimentell untersuchten Fälle r'/r_a = 0,3-0,6 würde sich nach Bild 40 die Schiebung um 50 % bis 60 % gegenüber einer Auswertung am Meßradius r' reduzieren.
Der interessantere Fall einer Abweichung der Fließkurve vom Ludwik-Hollomon-Verhalten wird im folgenden betrachtet. Hierzu

wurden vorgegebene Funktionen $\tau(\gamma)$ nach Gl.(11) zu einer Meßkurve $M(\vartheta)$ integriert und im Anschluß daran nach den in Abschnitt 5.2.2 beschriebenen Verfahren ausgewertet. Zur Integration wurde ein Rechenprogramm erstellt, das aus jeder zuläs-
sigen, punktweise vorgegebenen $\tau(\gamma)$-Kurve eine $M(\vartheta)$-Meßkurve
bei einem vorzugebenden Radius $r = r'$ und gleichfalls den Verlauf einer verzerrten Radiuslinie $\vartheta(r)$ bei einem vorzugebenden
Drehmoment errechnet.

Nach den Aussagen in Abschnitt 3.2.3 bezgl. theoretischer Voraussetzungen wird eine Fließkurve mit Sattelpunkt mathematisch
als Extremfall angesehen.
Zur Überprüfung der Auswerteverfahren für diesen Fall wurde
eine Fließkurve vorgegeben (Bild 41a), die im Bereich kleiner
Schiebungen die Form einer Potenzfunktion aufweist und nach
einer näherungsweise horizontalen Tangente im Sattelpunkt in
eine Gerade übergeht. Aus dieser Kurve ergibt sich nach der
Integration gemäß Gl.(11) die in Bild 40b dargestellte Meßkurve
$M(\vartheta)$, die zwischen zwei schwach gekrümmten Kurvenzügen unterschiedlichen Anstiegs einen deutlichen, aber stetigen Knick-
punkt zeigt. Die Ergebnisse der Auswertung dieser Meßkurve sind
in Bild 40a als Punktsymbole aufgetragen. Es ist deutlich zu
erkennen, daß durch die Linearisierung der eigentlich differentiellen Beziehung zwischen γ und ϑ die Form der Meßkurve
geometrisch ähnlich auf die Ergebniskurve abgebildet wird. Dies
führt offensichtlich zu einer erheblichen Verfälschung der
Ergebnisse, wogegen die Verfahrensweise über schrittweise
Approximation der Meßkurve mit Potenzfunktionen korrekte Ergebnisse liefert (Bild 41a).
Da es sich bei dem geschilderten Beispiel um einen theoretischen Grenzfall handelt, wurden zusätzlich ähnliche Überprüfun-
gen an realistischeren Beispielen vorgenommen, die sich an den
Fließspannungen des Werkstoffes St 1403 orientierten. Um bewußt
eine Abweichung vom Ludwik-Hollomon-Verhalten vorzugeben, wurden als $\tau(\gamma)$-Beziehungen eine Logarithmus- und eine Sinus-
funktion ausgewählt (Bilder 42 und 43).
Mit zunehmender Abweichung von der Ludwik-Hollomon-Beziehung
konnte ein zunehmender Fehler bei linearer Auswertung festge-

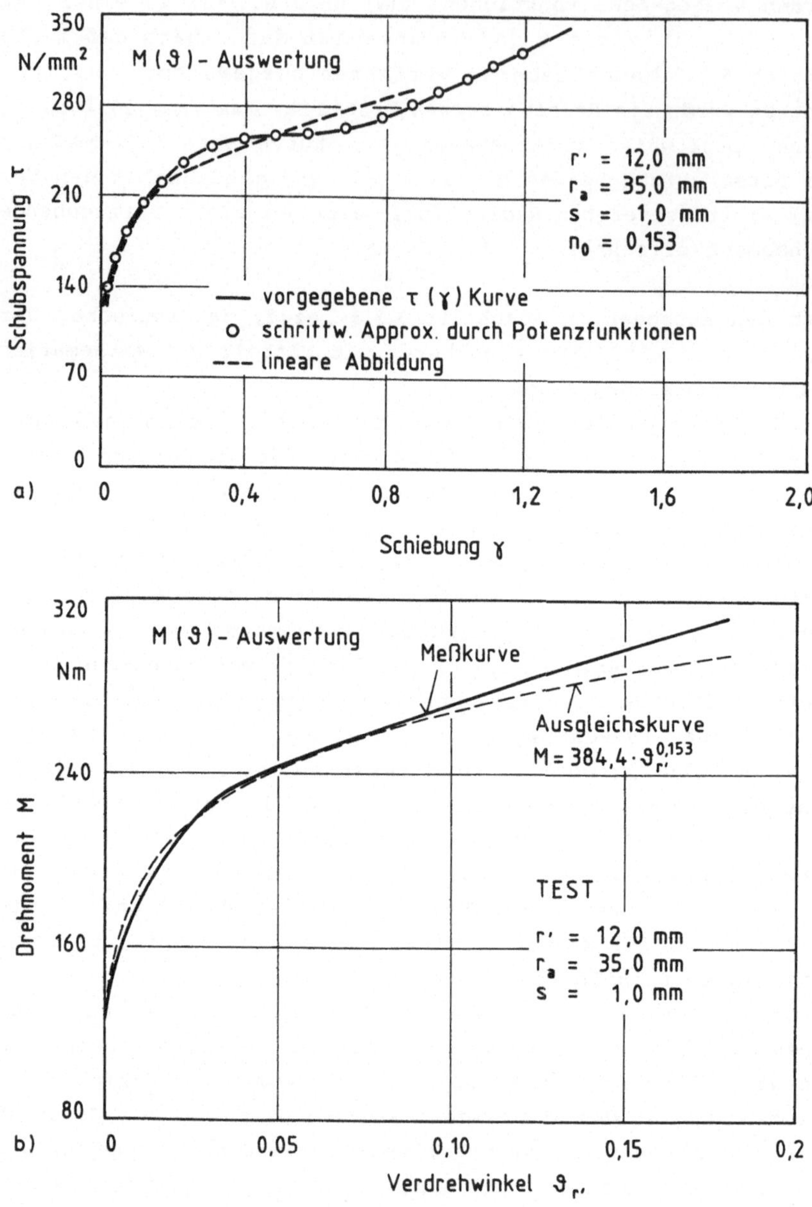

Bild 41: Überprüfung der Verfahren zur Meßdatenauswertung anhand einer Testfließkurve.

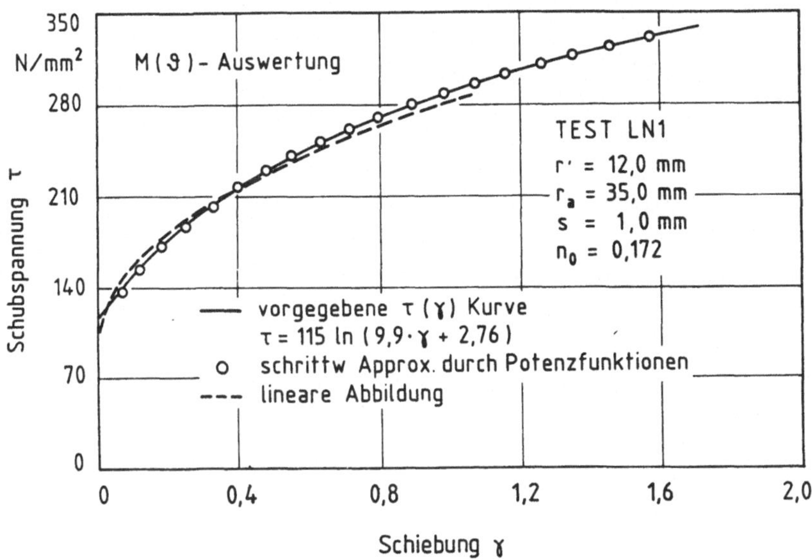

Bild 42: Überprüfung der Verfahren zur Meßdatenauswertung anhand einer Testfließkurve.

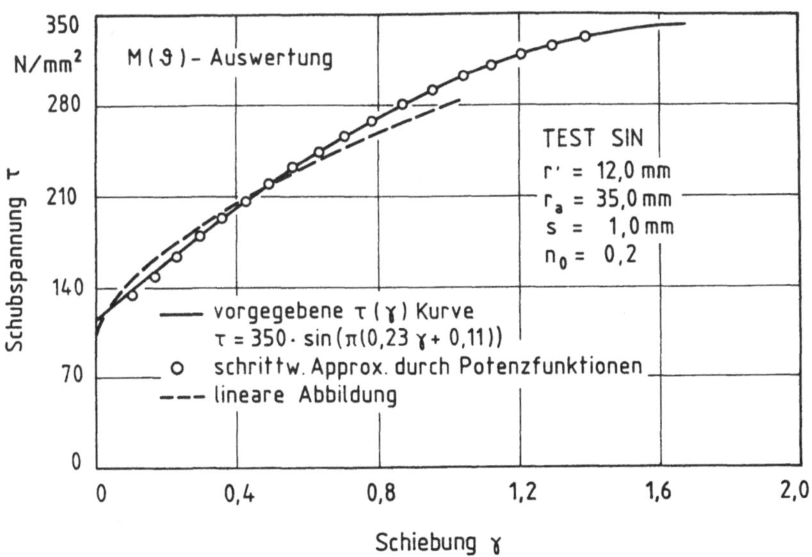

Bild 43: Überprüfung der Verfahren zur Meßdatenauswertung anhand einer Testfließkurve.

stellt werden. Die Auswertung über Approximation durch Potenzfunktionen ergab in jedem der überprüften Fälle eine gute
Übereinstimmung mit der Vorgabefunktion, wobei die Abweichungen
weniger als 1 % betrugen.

Als Versuchsgeometrieverhältnisse wurde der Standardinnenradius
r_i = 11,5 mm bzw. r' = 12 mm zu den Berechnungen herangezogen,
was in Verbindung mit dem Außenradius r_a = 35 mm ein Radienverhältnis von r'/r_a = 0,34 ergibt. Wie aus Bild 21
Abschn. 5.2.2.2 hervorgeht, ist dieses Verhältnis verbunden mit
dem Exponenten n_0 = 0,173 der Näherungskurven für die Methode
der linearen Abbildung hinsichtlich des Restgliedfehlers nicht
allzu günstig. Die angesprochene Beschränkung des Wertebereiches stellt sich jedoch in den aufgezeigten Fällen (Bilder 42
und 43) nicht so gravierend dar. Dies liegt im wesentlichen
daran, daß durch die Glättung über mehrere Auswertepunkte die
letzten Punkte verloren gehen.

Da in allen bisher diskutierten Fällen die plastische Zone
nicht bis zum Außenrand reichte, führten die beiden im
Abschn. 5.2.2.1 vorgestellten Auswerteverfahren in Verbindung
mit der Annäherung der Meßkurve durch Potenzfunktionen zum
gleichen Ergebnis. Bei Verwendung der differentiellen Vorgehensweise wird jedoch die Schiebung am Außenrand vernachlässigt, was theoretisch zu erheblichen Fehlern führen kann.

Das folgende Beispiel verdeutlicht diesen Sachverhalt. Hierzu
wurde aus der schon oben verwendeten Logarithmusfunktion eine
Meßkurve für eine Messung bei r' = 31,5 mm errechnet. Für
dieses Radienverhältnis von r'/r_a = 0,9 treten auch am Außenrand erhebliche plastische Formänderungen auf. Die Auswertung
der Meßkurve führte auf die in Bild 44 dargestellten Werte und
zeigt eine deutliche Diskrepanz, die durch die Vernachlässigung
der Schiebung bei $r = r_a$ entsteht. Die Vorgehensweise über eine
Transformation der Potenzfunktionen führte auch für diesen Fall
zu sehr guten Ergebnissen. Gleichzeitig konnte festgestellt
werden, daß sich das Ergebnis der linearen Abbildung entscheidend verbesserte. Der Fall eines Radienverhältnisses von
r'/r_a = 0,9 ist jedoch aus verschiedenen Gründen nicht pra-
xisrelevant (siehe hierzu Kap. 7).

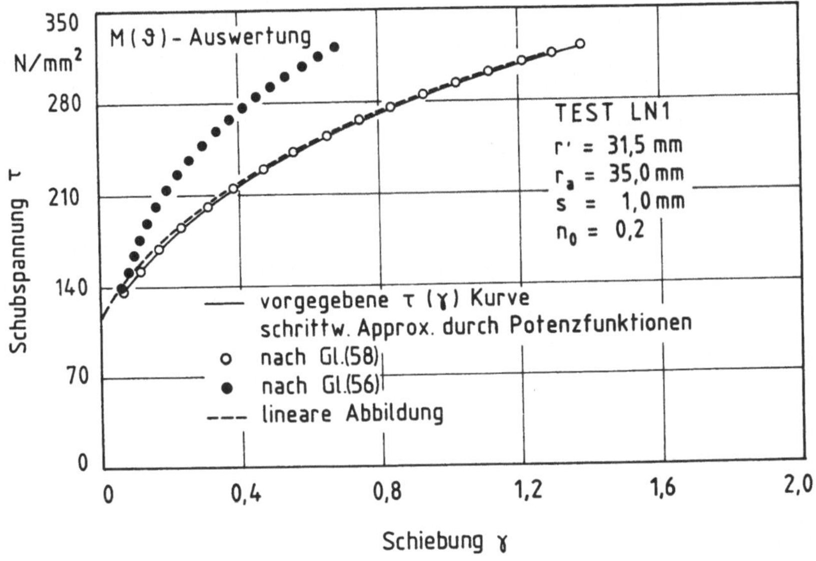

Bild 44: Überprüfung der Verfahren zur Meßdatenauswertung anhand einer Testfließkurve.

6.2.1.2 Vergleich anhand von Versuchsergebnissen

Zum Vergleich der im vorigen Abschnitt an modellhaften Beispie-
len gewonnenen Erkenntnisse mit praktischen Fällen wurden die
Auswerteverfahren auf experimentell ermittelte M(ϑ)-Meßkurven
angewandt und im Ergebnis gegenübergestellt.
An dieser Stelle soll nur exemplarisch auf die Hauptversuchswerkstoffe Al 98,7 w, St 1403 und CuZn 30 eingegangen werden.
Das Verhalten der übrigen Werkstoffe wird beim Vergleich mit
Ergebnissen aus dem Zugversuch näher betrachtet.
Von den Werkstoffen St 1403 und Al 98,7 w ist aus dem Verhalten
im Flachzugversuch bekannt, daß die Ludwik-Hollomon-Beziehung
sehr gut erfüllt wird. Aufgrund der im vorhergehenden Abschnitt
dargestellten theoretischen Erkenntnisse stimmen demnach erwar-
tungsgemäß die Ergebniskurven für lineare Abbildung und
schrittweise Annäherung mit Potenzfunktionen überein (wie

Bild 45 für St 1403 zeigt). Auffällig war in beiden Fällen die erhebliche Beschränkung des Wertebereiches der Schiebung γ auf weniger als 50 %. Der direkte Vergleich mit den in Bild 40 gezeigten theoretischen Verhältnissen ist wiederum nicht möglich, da durch die Verwendung von jeweils 5 Meßwertpaaren zur Annäherung der Meßkurve die letzten beiden grundsätzlich nicht ausgewertet werden können.

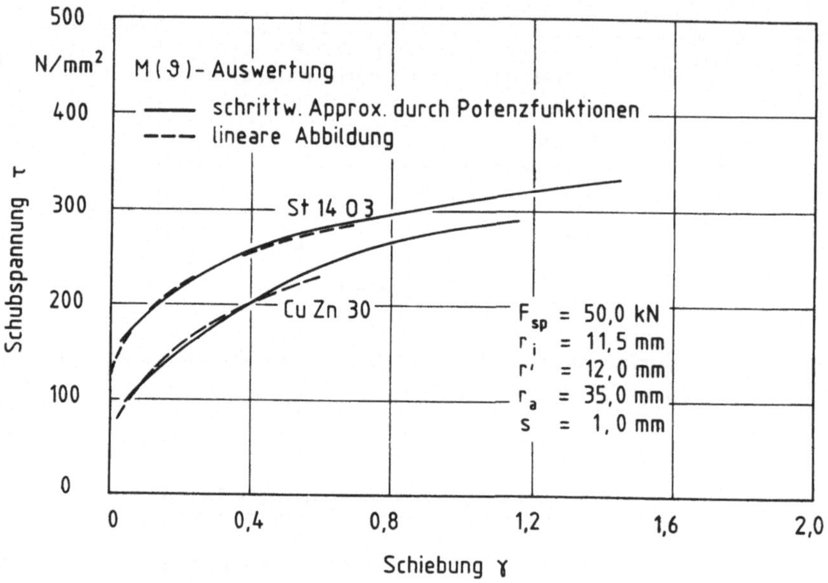

Bild 45: Vergleich der Verfahren zur Meßdatenauswertung anhand von Versuchsgsergebnissen.

Eine ähnlich große Einschränkung konnte auch für CuZn 30 festgestellt werden (Bild 45). Im Gegensatz zu dem bereits genannten Werkstoffen wurden hier Abweichungen zwischen den beiden Verfahren deutlich, die im Bereich von 0 % bis 5 % lagen. Neben dem von der Versuchsanordnung her vorgegebenen, für die lineare Abbildung (Abschn. 6.2.1.1) ungünstigen Radienverhältnis r'/r_a = 0,34 beeinflußt ein hoher n-Wert das Restgliedverhalten nachteilig (vgl. Abschn. 5.2.2.2). Eine offensichtliche Abweichung von der Ludwik-Hollomon-Beziehung (vgl. Abschn. 6.3) führt zu den festgestellten Differenzen.

Grundsätzlich ist zum praktischen Einsatz der Auswerteverfahren folgendes anzumerken: Aufgrund der hochauflösenden Messung (bis ca. 4000 Meßwertpaare) können sehr kleine Schrittweiten zwischen den Meßpunkten gewählt werden. Eine Verarbeitung sämtlicher Daten ist jedoch aus Gründen des Speicherplatzbedarfes und des Rechenaufwandes nicht sinnvoll.
Die Verfahrensweise über Annäherung der Meßkurve durch Potenzfunktionen reagiert trotz ihrer glättenden Wirkung empfindlich auf Meßwertschwankungen, da sie differentiellen Charakter besitzt. Mit der Verkleinerung der Meßpunktabstände wird naturgemäß der Wert des Differentials unsicherer, wodurch sich die Streuung der Ergebniswerte erhöht. Die lineare Abbildung der Kurven bleibt nahezu unberührt von diesen Schwankungen, da diese selbst auch nur linear übertragen werden. Allerdings werden vom Werkstoff verursachte Unregelmäßigkeiten in der Fließkurve dadurch verwischt.

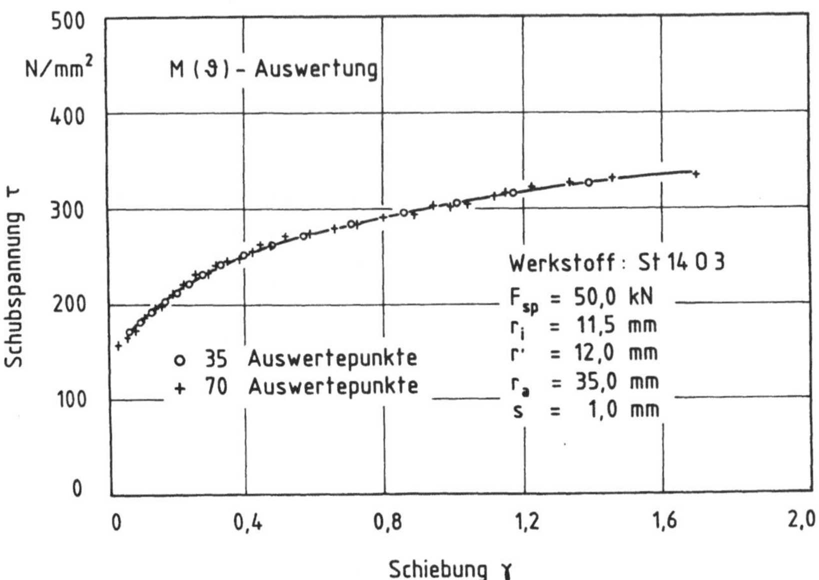

Bild 46: Auswerteergebnis für eine unterschiedliche Anzahl von
     Meßpunkten.

Als sinnvolle Anzahl von Meßwertpaaren zur Auswertung nach der schrittweisen Annäherung durch Potenzfunktionen wurde abhängig vom Werkstoff und vom maximalen Verdrehwinkel 30 bis 70 herausgefunden, wobei diese in gleichen Drehmomentschritten über den Wertebereich verteilt wurden. Diese Vorgehensweise war bei den stets degressiv ansteigenden Meßkurven angeraten, um eine ausreichende Sicherheit des Differentialausdrucks im wenig ansteigenden Endbereich der Kurve zu gewährleisten.

Zur Veranschaulichung dieses Sachverhaltes wurde in Bild 46 exemplarisch eine Meßkurve für St 1403 mit 35 und 70 Auswertepunkten analysiert. Aufgrund der bereits angesprochenen Gründe ergibt sich für die höhere Anzahl an Auswertepunkten eine geringfügig erhöhte Streuung. Wie deutlich zu erkennen ist, wird das Ergebnis durch die Verwendung von nur 35 Punkten lediglich geglättet, jedoch nicht verfälscht.

Hinsichtlich der Reproduzierbarkeit konnten für die $M(\vartheta)$-Auswertung ähnlich gute Eigenschaften festgestellt werden wie für die Spiralenauswertung (vgl. Abschn. 6.1.2).

6.2.2   Einfluß des maximalen Drehmomentes

Bei der Spiralenauswertung wurde mit abnehmendem Wert des maximalen Drehmomentes eine Verlagerung der Fließkurve zu höheren Fließspannungen festgestellt (Abschn. 6.1.3.3).

Dieser Effekt trat bei der $M(\vartheta)$-Auswertung für viele Versuche nicht und für manche nur in abgeschwächter Form in Erscheinung (1 %-2 %). Diese Abschwächung ist mit dem Abstand des Meßradius r' von der Störzone am Innenrandbereich zu erklären. Möglicherweise beeinflußt die Verformungskinematik, die durch die Betrachtung eines festen Radius gegenüber der Spiralenmethode unterschiedlich in die Messung eingeht, zusätzlich das Versuchsergebnis.

6.2.3   Orientierung zur Walzrichtung

Durch die starre Anordnung der Mitnehmerspitzen an einem definierten Meßradius kann eine unterschiedliche Verformung an verschiedenen Punkten der entsprechenden Umfangslinie oder gar

eine Radialbewegung der Werkstoffelemente im freien Bereich
nicht erfaßt werden. Treten diese Erscheinungen auf, so müssen
die Meßspitzen oder zumindest einige davon konsequenterweise
geringfügige Relativbewegungen bezüglich der ursprünglichen
Eingriffstelle ausführen. Zum Teil konnten solche Erscheinungen
bei stark verformten St 14-Blechen festgestellt werden.
Eine ähnliche Untersuchung wie bei der Spiralenmethode
(Abschn. 6.1.3.4) wäre prinzipiell denkbar, wenn nur mit zwei
gegenüberliegenden Mitnehmerspitzen gearbeitet würde. So könnte
eine Auflösung in beliebige Blechebenenrichtungen erfolgen,
wobei jedoch mehrere Versuchsproben benötigt würden. Auf eine
solche Untersuchung wurde aus Gründen einer erschwerten Übertragung des Drehwinkels verzichtet.
Zwischen Versuchsergebnissen, die mit 4 und 8 Mitnehmerspitzen
aufgenommen wurden, wurde kein Unterschied festgestellt.

6.2.4 Parameteruntersuchungen

6.2.4.1 Einfluß der Einspannkraft

Wie bereits in Abschn. 5.2 angesprochen, treten bei der Durchführung des ebenen Torsionsversuches vor allem für Werkstoffe
mit höheren Fließspannungen am Rand des Innenspannbereiches
Abschererscheinungen in Blechebenenrichtung auf. Wird der Drehwinkel wie in /28, 29/ lediglich zwischen Innen- und Außeneinspannung gemessen, so enthält dieser einen zeitlich veränderlichen Starrkörperdrehanteil infolge der Relativbewegung. Damit
wird eine Formänderung vorgetäuscht, die in Wirklichkeit nicht
stattfindet.
Das Ausmaß der Abscherung wird von der Einspannkraft beeinflußt. So wurden am Ende des Prüfvorganges für Al 98,7 w bei
Einspannkräften von 20 und 5 kN Winkelfehler $\Delta\vartheta$ von ca. 10°
bzw. 20° festgestellt. Für St 1403 lagen die Werte entsprechend
höher bei 20° bis 25° für die Einspannkräfte F_{sp} = 50 bzw.
15 kN.
Bild 47 zeigt die Wirkung des Winkelfehlers auf den Fließkurvenverlauf für den Werkstoff St 1403. Hier wurde bewußt unter
Inkaufnahme dieses Fehlers für verschiedene Einspannkräfte am

Radius $r = r_i$ ausgewertet. Die Verlagerung der Fließkurven zu höheren Fließspannungswerten mit steigender Einspannkraft macht deutlich, daß dadurch - wie bereits an Zahlenwerten gezeigt - der Winkelfehler vermindert wird. Allerdings wird beim Vergleich mit den Kurven, die durch Auswertung bei $r' = 12$ mm (Winkelerfassung direkt an der Blechoberfläche) gewonnen wurden, deutlich, daß ein erheblicher Fehler im Fließkurvenverlauf verbleibt. Während bei St 1403 mit $F_{sp} = 75$ kN bereits die maximale Einspannkraft aufgebracht und somit gegenüber den in Bild 47 dargestellten Verhältnissen keine Verbesserung mehr möglich war, konnte bei Al 98,7 w der Winkelfehler auf geringere Auswirkungen beschränkt werden. Da jedoch mit der Änderung der Einspannkraft auch andere Störeinflüsse verbunden sind (siehe Abschn. 6.1.4.1), ist eine beliebige Erhöhung nicht sinnvoll.

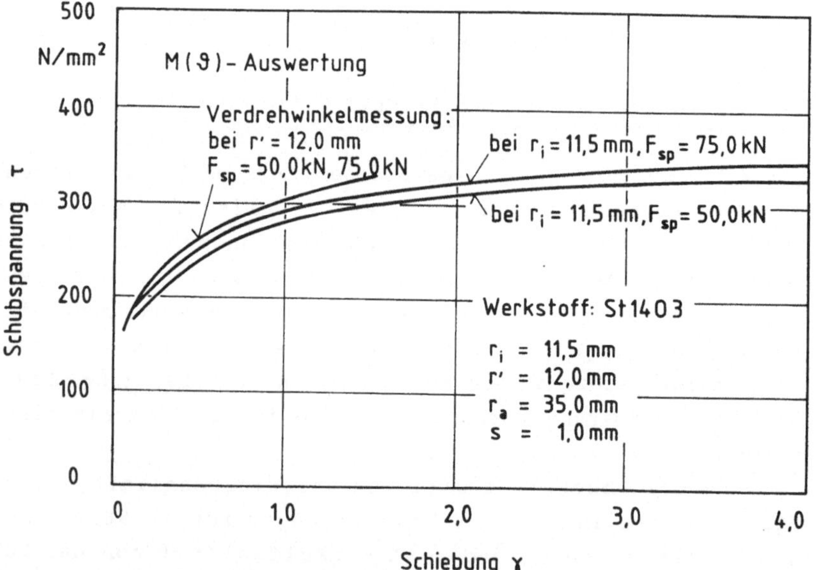

Bild 47: Einfluß der Relativbewegung zwischen Blech und Inneneinspannung auf den Fließkurvenverlauf.

Entsprechend den Beobachtungen bei der Spiralenauswertung wurden für stark unterschiedliche Einspannkräfte auch für die

direkte Winkelerfassung bei r = r' unterschiedliche Fließkurvenverläufe festgestellt (Bild 48). Für den Werkstoff St 1403
ergab sich bei einer Einspannkraft von F_{sp} = 15 kN ein Kurvenverlauf, der im wesentlichen eine etwa gleichbleibende Abweichung von -6 % vom Verlauf bei 50 kN (bzw. deckungsgleich
75 kN) aufwies. Die Fließkurve für 25 kN lag ca. 2,5 % darunter. Die Auswirkungen waren somit stärker als bei der Spiralenauswertung.

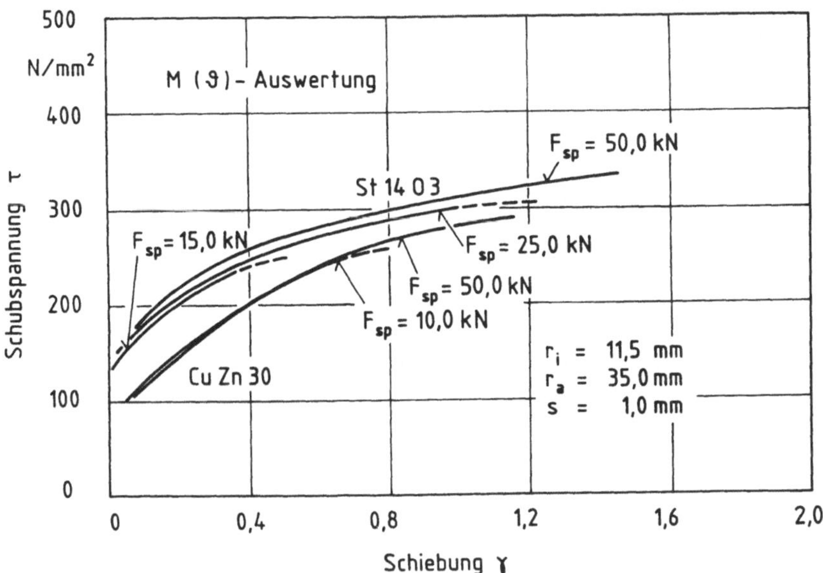

Bild 48: Einfluß der Einspannkraft auf den Fließkurvenverlauf
bei M(ϑ)-Auswertung.

Bei genauerer Betrachtung der Meßkurve konnten für die Einspannkraft F_{sp} = 15 kN, bei der erhebliche Abschererscheinungen
auftraten, auffällige Unregelmäßigkeiten im Drehmomentverlauf
festgestellt werden. Diese werden durch die stick-slip-artig
fortschreitenden Relativbewegungen verursacht und haben gewisse
Unsicherheiten zur Folge.
Je kleiner die Einspannkraft gewählt wird, desto flacher werden
die Meßkurven, die in Abhängigkeit von der Zeit registriert

werden. Hinzu kommt, daß am Ende des Versuches die M(ϑ)-Kurve bis zu einem horizontalen Verlauf abflacht. Diese Erscheinung ist unabhängig davon, ob der Versuch durch Abscheren, Abrutschen oder Abschalten beendet wird. Eine Verwendung dieser in Bild 48 mit gestrichelten Linien gekennzeichneten Kurvenstücke zur Charakterisierung des Werkstoffverhaltens ist nicht sinnvoll.

Da die Auswertung durch Approximation der Meßkurve mit Potenzfunktionen die letzten beiden Meßpunkte nicht direkt berücksichtigt, tritt dieser Teil bei Verwendung einer entsprechend abgestimmten Anzahl von Auswertepunkten in der resultierenden Fließkurve nicht auf.

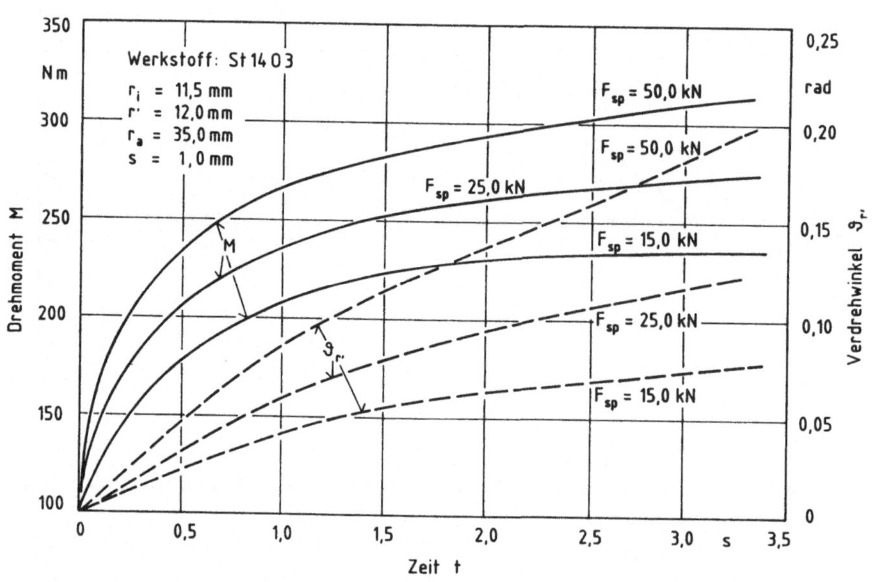

Bild 49: Meßkurven für unterschiedliche Einspannkräfte.

Verformungsgeschwindigkeit

Wie Bild 49 entnommen werden kann, fällt die zeitliche Änderung des Verdrehwinkels $\vartheta_{r'}$ bei der Wahl von F_{sp} = 15 kN gegenüber 50 kN auf etwa die Hälfte ab, was auf die zunehmende Abscherung

unter der Inneneinspannung zurückzuführen ist.
Verhält sich ein Werkstoff wie St 1403 entsprechend der Ludwik-
Hollomon-Beziehung, so ist die Schiebung linear vom Verdrehwinkel $\vartheta_{r'}$ abhängig. Aus Gl.(58) ergibt sich demnach eine
ähnliche Beziehung für die Verformungsgeschwindigkeit:

$$\dot{\gamma}_{r'} = \frac{2}{n} \, \dot{\vartheta}_{r'} \left[1 - (\frac{r'}{r_a})^{2/n} \right]^{-1} . \tag{71}$$

Mit vorgegebener Verdrehgeschwindigkeit folgt für die Formän-
derungsgeschwindigkeit somit, wenn keine Relativbewegungen
auftreten, eine näherungsweise proportionale Abhängigkeit zum
n-Wert des geprüften Werkstoffes. Die Formänderungsgeschwindig-
keit kann mit der Veränderung der Verdrehgeschwindigkeit sehr
einfach eingestellt werden. Der in eckiger Klammer angegebene
Term aus Gl.(71) ist vom Radius abhängig, was jedoch auf die
M(ϑ)-Auswertung keinen Einfluß hat, da r' = konst ist. Für die
Spiralenauswertung bedeutet dies, daß sich die Formänderungsge-
schwindigkeit mit dem Radius geringfügig ändert.
Mit den n-Werten aus dem Zugversuch folgen aus Gl.(71) Schiebungsgeschwindigkeiten zwischen $\dot{\gamma}$ = 1 und 2 s^{-1}. Die Versuchsergebnisse führten auf die in Tab. 1 bereichsweise angegebenen
mittleren Werte. Diese liegen im Bereich der in realen Tief-
ziehvorgängen auftretenden Formänderungsgeschwindigkeiten.
Die für St 1403 gegenüber der Spiralenauswertung verstärkte
Beeinflussung des Fließkurvenverlaufes bei F_{sp} = 15 kN kann
jedoch kaum auf Geschwindigkeitseffekte zurückgeführt werden,
da bei Raumtemperatur und absolut gesehen kleinen Unterschieden
erfahrungsgemäß keine merkliche Abhängigkeit besteht. Die Tatsache, daß die Werte der Spiralenmethode ebenfalls unter nahezu
gleichen Bedingungen aufgenommen wurden, ohne daß ein solch
auffälliger Unterschied in der Fließspannung auftrat, widerlegt
die Annahme eines derartigen Einflusses ebenfalls.

Meßeffekte

Bei der Überprüfung, ob evtl. Meßunsicherheiten für die deutliche Verlagerung der Fließkurve verantwortlich sein können,
fiel der Blick zunächst auf das mechanische Getriebesystem zur

Werkstoff	Einspannkraft F_{sp} (kN)	mittl. Schiebungsgeschwindigkeit $\dot{\gamma}$ (1/s)		
		Bereich I	Bereich II	Bereich III
St 1403	15,0	0,251	0,431	0,372
	25,0	0,630	0,553	0,428
	50,0	0,854	0,861	0,487
X5 CrNi 18 9	50,0	0,637	0,609	0,531
Al 98,7 w	5,0	0,391	0,52	0,476
	20,0	0,811	0,909	0,949
Al Mg 5 (r_i = 20 mm)	62,5	0,699	0,675	0,753
Al Mg 2,5 (r_i = 20 mm)	50,0	0,749	0,772	0,763
CuZn 30	10,0	0,31	0,275	
	25,0	0,565	0,485	0,412
	50,0	0,679	0,589	0,625

Bereiche: I $\gamma = 0 \div \gamma_{max}/3$; II $\gamma = \gamma_{max}/3 \div 2/3\,\gamma_{max}$; III $\gamma = 2/3\,\gamma_{max} \div \gamma_{max}$

r_i = 11,5 mm, r_a = 35,0 mm, s = 1,0 mm

Tabelle 1: Schiebungsgeschwindigkeiten.

Winkelmessung.

Durch Vorspannung des Getriebes in oder gegen die Drehrichtung wurde versucht, das sicherlich vorhandene Spiel zu egalisieren. Dies führte jedoch nur zu geringfügig unterschiedlichen Meßkurven. Wie in Abschn. 5.2.3 bei der Fehlerbetrachtung gezeigt wurde, haben kleine Winkelfehler durch derartige Effekte nur unwesentliche Auswirkungen auf das Meßergebnis, so daß sich die resultierenden Fließkurven kaum unterschieden. Eine Abrutschung der Mitnehmerspitzen auf dem Blech konnte nicht beobachtet werden, hätte aber ebenfalls vernachlässigbare Effekte zur Folge.

Hingegen konnte unter dem Meßmikroskop festgestellt werden, daß die Eindrücke der Meßspitzen abhängig von der Einspannkraft (und vom Werkstoff) unterschiedliche Abmessungen aufwiesen (0,15 - 0,29 mm). Der Grund liegt im starren Aufbau des Mitnehmersystems. Die ohnehin komplizierte Mechanik konnte aus baulichen Gründen nicht zusätzlich mit einem justierbaren Federsystem ausgerüstet werden. Da ein starker Spannungsgradient in radialer Richtung vorliegt, kann bei einer derartigen radialen Ausdehnung nur schwer entschieden werden, welcher Radius r' in die Rechnung eingesetzt werden soll. Tatsächlich kann bei den verwendeten Abmessungen eine Differenz von 0,2 mm die Fließspannung um 3 % verändern.

Es deutet somit vieles darauf hin, daß die mechanische Übertragung des Drehwinkels in der realisierten Weise einen Unsicherheitsfaktor darstellt. Trotzdem kann dies nicht mit letzter Sicherheit als entscheidender Grund angeführt werden. Dagegen sprechen, wie aus Bild 48 zu entnehmen, die Ergebnisse der Untersuchungen am Werkstoff CuZn 30, für den ein vergleichbarer Einfluß nicht auftrat. Wie Bild 50 verdeutlicht, sind die Anstiege der Meßgrößen aufgrund des geänderten Verfestigungsverhaltens wesentlich steiler als die von St 1403 (Bild 49). Dies beeinflußt die Auswertesicherheit günstig. Maßgebend ist somit der n-Wert, der bei konstanter Antriebsgeschwindigkeit, zusammen mit den Abschererscheinungen, den Meßkurvenverlauf bestimmt. Während ein hoher n-Wert ein gleichmäßiges Ansteigen der Drehmomentkurve bewirkt, zeigen Werkstoffe mit kleinem Verfestigungsexponenten einen sehr steilen Anstieg zu Beginn und einen entsprechend flachen gegen Ende des Versuches. Verbunden mit dem durch Abschererscheinungen ohnehin abflachenden Verdrehwinkelverlauf wird die Messung unsicherer.

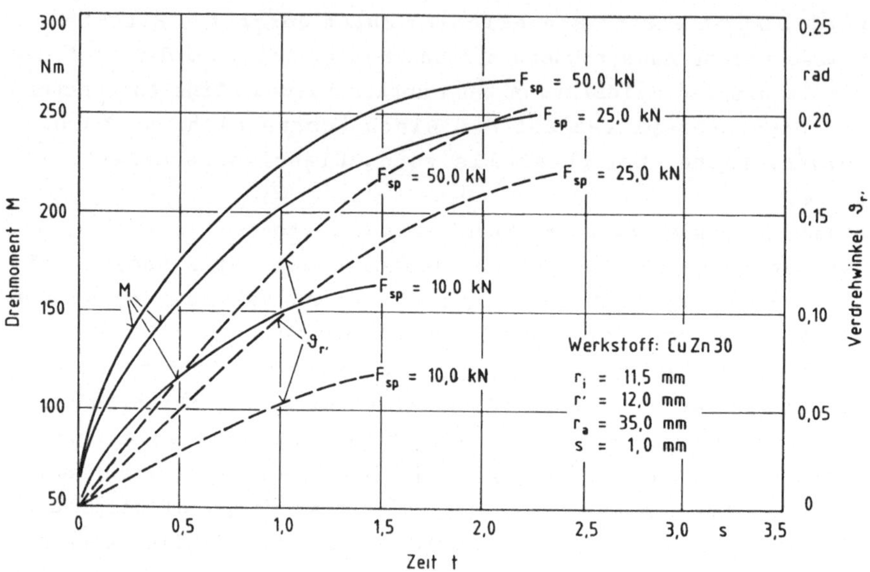

Bild 50: Meßkurven für CuZn 30 bei unterschiedlichen Einspannkräften.

Für CuZn 30 und Al 98,7 w wurden ähnliche Abhängigkeiten von der Einspannkraft registriert wie bei der Spiralenauswertung. Die Abweichungen bewegten sich für Al 98,7 w im Bereich von 2 % bis 3 % und waren damit etwas geringer, als in Abschn. 6.1.4.1 für die Spiralenauswertung festgestellt. Da bei der M(ϑ)-Auswertung mit r = r' immer in einem gewissen Abstand von der direkten Störzone gemessen wird, ist diese Abschwächung durchaus verständlich.
Ein direkter Vergleich der Ergebnisse für Al 98,7 w mit /28/ fällt schwer, da zum einen der Fehler des Verdrehwinkels im Ergebnis nach /28/ enthalten ist, zum anderen die Einspannkraft, die nur als "Anziehmoment" angegeben wurde, nicht abge-

schätzt werden kann. Die Gegenüberstellung zeigte jedoch, daß
ein erheblich flacherer Verlauf erzielt wurde, was bei einer
Auswertung bei $r = r_i$ nach den oben beschriebenen Überlegungen
(Bild 47) unmittelbar einleuchtet.

6.2.4.2 Variation des Innenspannbackenradius

Mit der Variation des Innenradius r_i, wie sie im Zusammenhang
mit der Spiralenauswertung durchgeführt wurde, verbindet sich
zwangsläufig eine Verlagerung des Meßradius r'. Durch die kon-
struktive Vorgabe des mechanischen Winkelerfassungssystems und
der Drehmomentbegrenzung durch die Meßelemente mußte diese
Parameteruntersuchung auf einen Vergleich von $r_i = 11,5$ und
20 mm für den Werkstoff Al 98,7 w beschränkt werden. Das mechanische Mitnehmersystem hat den Nachteil, daß ein gewisses Drehmoment aufgebracht werden muß, um es in Gang zu setzen. Dieses
Drehmoment muß vom Blech auf die Mitnehmerspitzen übertragen
werden. Je kleiner der Radius wird, auf dem die Mitnehmerspitzen angeordnet sind, desto ungünstiger werden aufgrund des
verminderten Hebelarmes die Versuchsbedingungen hinsichtlich
der Winkelübertragung. Aus Gründen eines möglichen Abrutschens
der Mitnehmerspitzen und daraus resultierender Meßunsicherheiten wurde deshalb der Innenradius $r_i = 7,5$ mm für die $M(\vartheta)$-
Auswertung nicht untersucht.
Der Auswerteradius wurde jeweils in einem Abstand von 0,5 mm
von r_i gewählt.
Wie in Abschn. 6.1.4.2 gezeigt wurde, nimmt die plastische Zone
in ihrer absoluten Ausdehnung mit dem Innenradius ab. Dies
bedeutet, daß bezogen auf die absolute Ausdehnung für abnehmenden Innenradius der Formänderungsgradient in radialer Richtung stark zunimmt. Wird wie beim verwendeten Mitnehmersystem
ein Eindruck im Blech von einer bestimmten radialen Abmessung
verursacht, so wird damit für kleinere Innenradien ein wesentlich größerer Formänderungsbereich abgedeckt als bei größeren.
Die Auflösung der Messung wird damit schlechter und die Zuordnung der eigentlich punktuell gedachten Messung zu einem definierten Radius immer schwieriger.
Die direkte Gegenüberstellung der Ergebniskurven ließ im unter-

suchten Bereich (r_i = 11,5 und 20 mm) keinen Schluß zu, der auf eine Verringerung der Meßgenauigkeit hindeuten könnte. Für r_i = 20 mm wurde lediglich ein um etwa 1 % bis 2 % erhöhter Verlauf der Fließkurve ähnlich wie bei der Spiralenauswertung festgestellt.

6.2.4.3 Übrige Parameter

Bei Verwendung des Oberflächenprofils mit gekreuzten Rillen für die Innenspannbacken konnten keine wesentlichen Unterschiede im Ergebnis verzeichnet werden. Diese waren bereits bei der Spiralenauswertung nur geringfügig und werden durch den Abstand des Meßradius von der Inneneinspannung zusätzlich abgeschwächt.
Für die Variation des Außenradius und der Blechdicke gelten alle im Zusammenhang mit der Spiralenauswertemethode gemachten Aussagen. So wurden in beiden Fällen weder nennenswerte Abweichungen noch Unregelmäßigkeiten beobachtet.

6.2.5   Abschließende Bemerkungen

Die kontinuierliche Drehmoment-Verdrehwinkelmethode weist bezüglich der Wiederholgenauigkeit ähnlich gute Eigenschaften auf, wie die in Abschn. 6.1 untersuchte Spiralenauswertung. Im Gegensatz zu dieser kann jedoch in der verwendeten rechnerunterstützten Realisierung der Versuchs- und Auswerteaufwand als gering bezeichnet werden. Durch den Wegfall der Probenvorbereitung wird dieses Verfahren ebenfalls komfortabler.

Nachteilig ist zum gegenwärtigen Zeitpunkt die mechanische Winkelaufnahme, die nicht zu quantifizierende Unsicherheiten verursachen kann. Grundsätzlich führt das Abscheren unter der Innenspannbacke zu einem verminderten Anstieg der Meßkurve im Bereich großer Verformungen. Durch die notwendige Winkelerfassung an der Blechoberfläche wird der Bereich größter Formänderungen nicht ausgewertet, so daß gegenüber der Spiralenmethode Nachteile entstehen. Da die Fließkurven ohnehin zu großen Umformgraden hin stark abflachen, treten Bereiche in den Meßkurven auf, die nicht mehr sinnvoll ausgewertet werden können.

Hierdurch wird der Meßbereich gegenüber der Spiralenmethode
nochmals eingeschränkt.
Andererseits werden durch den Abstand des Meßradius von der
direkten Störzone Einspanneffekte abgeschwächt.

6.3 GEGENÜBERSTELLUNG DER AUSWERTEMETHODEN IM VERGLEICH MIT DEN ERGEBNISSEN AUS DEM ZUGVERSUCH

Die in den Abschnitten 6.1 und 6.2 getrennt in Abhängigkeit von
den Versuchsparametern vorgestellten Ergebnisse der beiden
Auswertemethoden werden im folgenden anhand von aussagefähigen
Beispielen verglichen. Zum direkten Vergleich mit den Ergebnis-
sen des Flachzugversuches wurden aus den bereits diskutierten
$\tau(\gamma)$-Beziehungen mit Hilfe der in Abschn. 3.2.4 angegebenen
Fließkriterien die Fließkurven der Werkstoffe errechnet. Alle
Fließkurven aus dem Flachzugversuch sind in den nachfolgenden
Darstellungen als über den Winkeln $0°$, $45°$ und $90°$ zur Walz-
richtung gemittelte Verläufe (siehe Tab. A2/2 im Anhang 2)
aufgetragen, um dem gleichfalls mittelnden Charakter des ebenen
Torsionsversuches nahezukommen.

6.3.1 Fließkriterien für isotropes Fließen

Soll der ebene Torsionsversuch als selbständige Prüfmethode
gesehen und als solche ausgewertet werden, so ist isotropes
Werkstoffverhalten vorauszusetzen bzw. ein Fließkriterium für
isotropes Fließen anzuwenden.

6.3.1.1 Fließkurven der Versuchswerkstoffe

Al 98,7 w
Wie in den Abschn. 6.1.4.1 und 6.2.4.1 festgestellt, verschiebt
eine zunehmende Einspannkraft die ermittelte Fließkurve zu
höheren Fließspannungen. In Bild 51 sind deshalb zum Vergleich
die sich um ca. 6,5 % unterscheidenden Kurven für $F_{sp} = 0$ und
$F_{sp} = 20$ kN angegeben.
Bei Verwendung von geklebten Spannbacken ($F_{sp} = 0$) konnte aus
konstruktiven Gründen keine kontinuierliche Drehmoment-Verdreh-

winkelmessung durchgeführt werden. Für alle anderen Einspannkräfte wurde eine ebenso gute Übereinstimmung mit den Ergebnissen der Spiralenmethode beobachtet, wie in Bild 51 für
F_{sp} = 20 kN dargestellt. Tendenziell ergab sich ein etwas stei-
lerer Anstieg der Ergebniskurve der $M(\vartheta)$-Auswertung im Anfangsbereich. Zu höheren Umformgraden hin fiel diese jedoch
etwas flacher unter die der Spiralenauswertung ab. Dies war bei
allen Versuchspunkten, die bei r' = 12 mm (r_i = 11,5 mm) aufgenommen wurden, festzustellen, während sich für r' = 20,5 mm
(r_i = 20 mm) die Tendenz umkehrte, und die $M(\vartheta)$-Auswertung zunächst unterhalb dann oberhalb der Spiralenauswertung verlief.
Die maximalen Abweichungen betrugen ± 2 %.

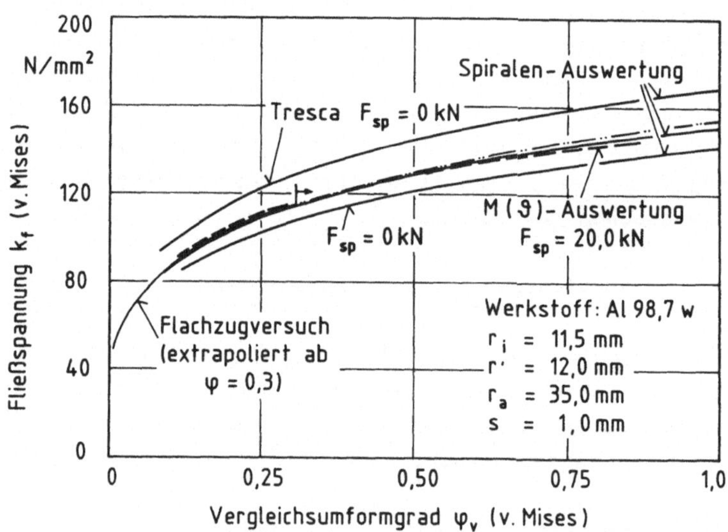

Bild 51: Fließkurven für Al 98,7 w.

Für die Spiralenauswertung wurden Umformgrade bis zu φ_V = 1,15,
im Falle der geklebten Spannbacken sogar bis zu 1,6 erreicht.
Bei der Auswertung der $M(\vartheta)$-Kurve für einen bestimmten Radialabstand von der Innenspannbacke wird der Bereich größter Formänderungen ausgeklammert, was im Falle des Werkstoffes
Al 98,7 w auf φ_{vmax} = 0,9 führte. An dieser Stelle soll noch-

mals betont werden, daß die Versuche aus verschiedenen Gründen
nicht immer bis zur Werkstofftrennung gefahren wurden, so daß
möglicherweise bei weiter optimierter Versuchsführung über die
angegebenen Werte hinaus gewisse Reserven existieren. Der direkte Vergleich mit dem Flachzugversuch zeigt jedoch eine 3-
bis 5-fache Erhöhung des erreichbaren Umformgrades (gegenüber
$\varphi_v = 0,3$).
Beim Vergleich der Fließkurven fällt ein flacherer Verlauf der
Torsionskurven auf, wobei die Kurve für $F_{sp} = 20$ kN zunächst
nahezu deckungsgleich, dann ca. 4 % unterhalb der extrapolierten Ergebnisse aus dem Flachzugversuch liegt. Ohne Einspannkraft ($F_{sp} = 0$) werden zwischen 8 % und 10 % niedriger liegende
Fließspannungswerte ermittelt.
Beim reinen Schubspannungszustand treten für die Fließkriterien
nach v. Mises und Tresca die größten Unterschiede auf. Dies
sind 15 % sowohl für die Fließspannung als auch für den Vergleichsumformgrad, was auf die deutlich erhöhte Lage der Fließkurve nach Tresca führt, wie in Bild 51 dargestellt.

Aufgrund vorliegender und in der Literatur /52, 53, 34/ ausführlich diskutierter Erfahrungen mit dem Verdrehversuch an
massiven oder hohlen Rundproben, bei dem ein vergleichbarer
Schubspannungszustand vorliegt, war eine Übereinstimmung mit
den im Zugversuch ermittelten Fließspannungen nicht zu erwarten. Die Forderung nach Übereinstimmung stellt aus metallkundlicher Sicht kein sinnvolles Beurteilungskriterium dar /53/.
Abweichungen, wie sie mit dem üblicherweise deutlich flacheren
Verlauf beim Verdrehversuch festgestellt werden /52/, können
deshalb nicht allein mit dem modellhaften Charakter der Fließkriterien begründet werden. Allerdings setzen diese ein isotropes Werkstoffverhalten während des ganzen Verformungsvorganges voraus und vernachlässigen somit grundsätzlich mikrosko-
pische und strukturelle Werkstoffdetails.
In /34, 52/ wurden metallphysikalische Unterschiede des Verformungsvorganges bei Zug- und Torsionsbeanspruchung aufgezeigt.
Hiernach werden Unterschiede in den Fließspannungen hauptsächlich auf eine von der Beanspruchungsart abhängige Ausbildung
unterschiedlicher Verformungstexturen bzw. Defektstrukturen

zurückgeführt, die im Falle der Torsionsbeanspruchung einen kleineren kritischen Schubspannungswert zur Abgleitung erfordern.

Neben dem Entstehen verfahrensabhängiger Anisotropien mit einer zunehmend richtungsabhängigen Fließspannung wird ebenfalls die verformungsabhängige Versetzungsstruktur bzw. Verfestigung für beobachtete Effekte verantwortlich gemacht.

Aus metallkundlicher Sicht scheint das Vergleichskriterium nach v. Mises besser geeignet, einen realistischen Wert für die Fließspannung anzugeben. Dies wird in /52/ begründet.

Üblicherweise werden ohnehin mit dem v. Misesschen Kriterium aufgrund der Berücksichtigung aller Hauptspannungen im Vergleich mit experimentellen Untersuchungen bessere Resultate als nach Tresca erzielt /1/.

St 1403

Für St 1403 konnten in Abhängigkeit von der Einspannkraft verschiedene Effekte festgestellt werden. Beim Vergleich der Spiralen- mit der $M(\vartheta)$-Methode zeigte sich, daß mit zunehmender Einspannkraft eine bessere Übereinstimmung erreicht wurde (Bild 52). Die für Al 98,7 w ($r_i = 11,5$ mm) beschriebene Tendenz eines steileren Verlaufs der $M(\vartheta)$-Auswertung im Anfangsteil der Fließkurve und eines flacheren zum Ende hin trat für St 1403 mit abnehmender Einspannkraft stärker in Erscheinung. Dabei wurde deutlich, daß die Überschneidung der beiden Ergebniskurven immer etwa bei der Hälfte des Auswertebereiches lag. Dieser Gesichtspunkt unterstützt die Überlegung, daß auch kinematische Effekte für den deutlich flacheren Verlauf der Fließkurven, die bei niedriger Einspannkraft mit der $M(\vartheta)$-Auswertung ermittelt wurden, verantwortlich sind.

Der Vergleich mit den Ergebnissen des Flachzugversuches zeigt, daß das steilere Anfangsstück der $M(\vartheta)$-Auswertung besser mit diesen Werten übereinstimmt. In Abschn. 6.1.3.3 wurde ein Einfluß des maximalen Drehmomentes festgestellt, der bei kleiner Verformung die Fließkurve etwas nach oben verschiebt. Dies würde tendenziell eine Annäherung der beiden Methoden im Bereich kleiner Umformgrade bewirken.

Die vergleichende Betrachtung der Fließkurvenverläufe macht

deutlich, daß für F_{sp} = 50 kN auch gegenüber dem extrapolierten Teil des Flachzugversuches nur geringfügige Abweichungen auftreten . Der realistischere, weniger durch Störungen beeinflußte Verlauf dürfte jedoch die darunterliegende Fließkurve nach der Spiralenauswertung für F_{sp} = 25 kN sein, die eine ähnlich gute Übereinstimmung mit der $M(\vartheta)$-Auswertung aufweist wie die für F_{sp} = 50 kN.

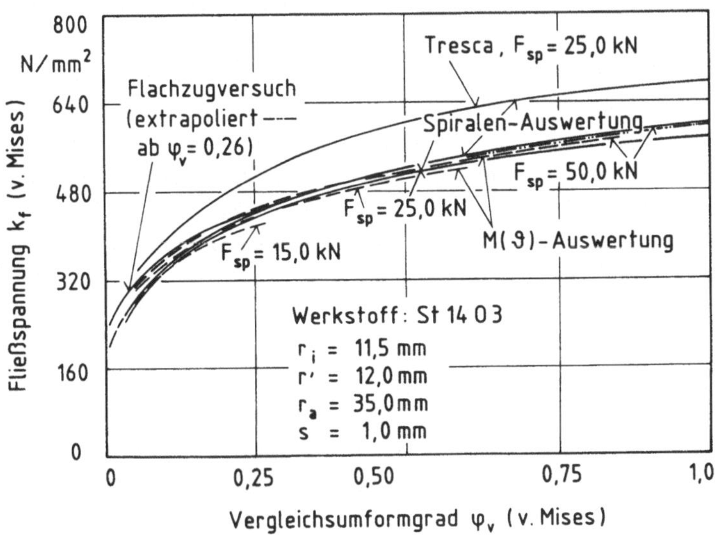

Bild 52: Fließkurven für St 1403.

Wiederum liegt die mit dem Fließkriterium nach Tresca ermittelte Fließkurve deutlich über den Ergebnissen aus dem Zugversuch.
Während im Flachzugversuch Meßwerte bis φ_v = 0,26 ermittelt werden konnten, wurden beim ebenen Torsionsversuch für die Spiralenauswertung Vergleichsumformgrade bis zu φ_v = 1,3 und für die $M(\vartheta)$-Auswertung φ_v = 0,8 erreicht.

Neben dem beschriebenen Werkstoff St 14 wurde eine Charge geprüft, die im Flachzugversuch eine ausgeprägte Streckgrenze aufwies. Während für diesen Werkstoff im Flachzugversuch sehr

starke Streuungen und Unregelmäßigkeiten auftraten, war das
Verhalten im ebenen Torsionsversuch davon völlig unbeeinflußt.
Die ausgeprägte Streckgrenze konnte im zeitlichen Verlauf des
Drehmomentes aber auch als deutlich sichtbarer Knick im Verlauf
der verzerrten Radiuslinie festgestellt werden. Da sich diese
Erscheinung bei den verwendeten Verdrehgeschwindigkeiten auf
einen zeitlich kleinen Bereich beschränkt, wird die $M(\vartheta)$-Aus-
wertung durch den momentanen Abfall des Drehmomentes nicht
beeinflußt. Bei der Vermessung der Spiralkurven wirkt sich der
Effekt keinesfalls aus, da die Steigung örtlich bestimmt wird.
Eine Messung in der Nähe der Streckgrenze wäre ohnehin nicht
sinnvoll.

Die Gegenüberstellung der beiden Stahlwerkstoffe zeigte für
St 14 II, wie in Abschn. 6.1.2 für die Spiralenauswertung ausgeführt, einen steileren Anstieg im Bereich kleiner Vergleichsumformgrade und einen entsprechend flacheren Verlauf im Endbereich der Fließkurve. Ab $\varphi_V = 0{,}75$ stimmten die Kurven überein.
Dieser für Stahlwerkstoffe mit ausgeprägter Streckgrenze be-
kannte flachere Verlauf wurde in gleicher Weise jedoch mit der
für St 1403 beschriebenen Abweichung von der Spiralenauswertung auch für die Ergebnisse der $M(\vartheta)$-Auswertung festgestellt.
Allerdings wurde hier bereits ab einem Vergleichsumformgrad
$\varphi_V = 0{,}25$ ein deckungsgleicher Kurvenverlauf ermittelt.

CuZn 30

Für den Werkstoff CuZn 30 wurde sowohl bei der Spiralen- als
auch bei der $M(\vartheta)$-Auswertung nur ein geringfügiger Einfluß der
Einspannkraft festgestellt. Aus diesem Grund wurden in Bild 53
der Übersichtlichkeit halber nur die Kurven für $F_{sp} = 50$ kN
wiedergegeben. Wie der Darstellung zu entnehmen ist, führten
beide Auswertemethoden zu deckungsgleichen Fließkurven, was für
alle anderen geprüften Einspannkräfte ebenfalls beobachtet
werden konnte. Dies scheint im Zusammenhang mit der verbesserten Meßsicherheit bei der $M(\vartheta)$-Methode durch einen höheren
Verfestigungsexponenten zu stehen.

Die maximal erreichten Umformgrade lagen für die Spiralenauswertung bei Werten um $\varphi_V = 0{,}9$ und für die kontinuierliche
Drehmoment-Verdrehwinkelmessung bei ca. 0,6. Im Flachzugversuch

konnte der Werkstoff CuZn 30 bis φ_V = 0,45 geprüft werden.
Aus Ergebnissen von Stauchversuchen an massiven Proben des gleichen Werkstoffes ist bekannt, daß die Fließkurve bei höheren
Umformgraden erheblich flacher verläuft, als eine Extrapolation
der Werte aus dem Zugversuch vorgibt /4/. Ein Vergleich des
Kurvenverlaufes mit den Ergebnissen aus dem ebenen Torsionsversuch ist somit nur bis zu einem Vergleichsumformgrad von
φ_V = 0,45 sinnvoll. Hier zeigt die Auswertung nach v. Mises
einen deutlich flacheren Verlauf, der um 12 % bis 20 % unterhalb der Flachzugkurve liegt. Der Vergleich mit dem Kriterium
nach Tresca macht mit Abweichungen von max. 12 % eine bessere
Übereinstimmung in diesem Bereich deutlich. Dennoch wird gerade
für ein vergleichbares Verhalten von reinem Kupfer in /52/ der
Vorteil der Anwendung des v. Misesschen Kriteriums begründet.

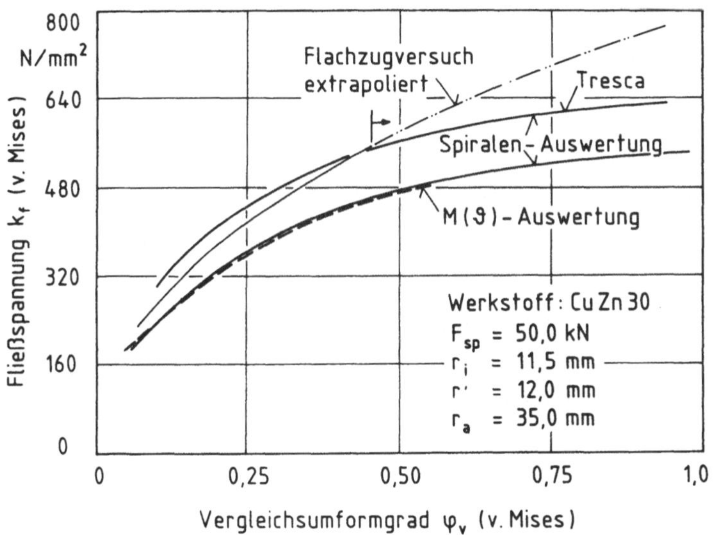

Bild 53: Fließkurven für CuZn 30.

Aus metallkundlicher Sicht ist speziell bei kleineren Verformungen, für die Anisotropieeffekte noch wenig zum Tragen kom-
men, nicht einzusehen, warum die Torsionsbeanspruchung höhere
Fließspannungen verursacht als die Zugbeanspruchung /52/.

Mit einem näherungsweise isotropen Verhalten werden vom Werkstoff CuZn 30 im Vergleich zu den anderen Versuchswerkstoffen diesbezügliche Voraussetzungen zur Anwendung der genannten Fließkriterien am besten erfüllt.

X5 CrNi 18 9

In Bild 54 sind die Ergebnisse für das austenitische Stahlblech X5 CrNi 18 9 zusammengefaßt. Aufgrund der hohen Fließspannungen des Werkstoffes konnte entsprechend den Erfordernissen des Meßaufbaus die Einspannkraft nicht kleiner als F_{sp} = 50 kN gewählt werden. Zwischen F_{sp} = 50 kN und 75 kN wurden Unterschiede von 2 % bis 3 % festgestellt.

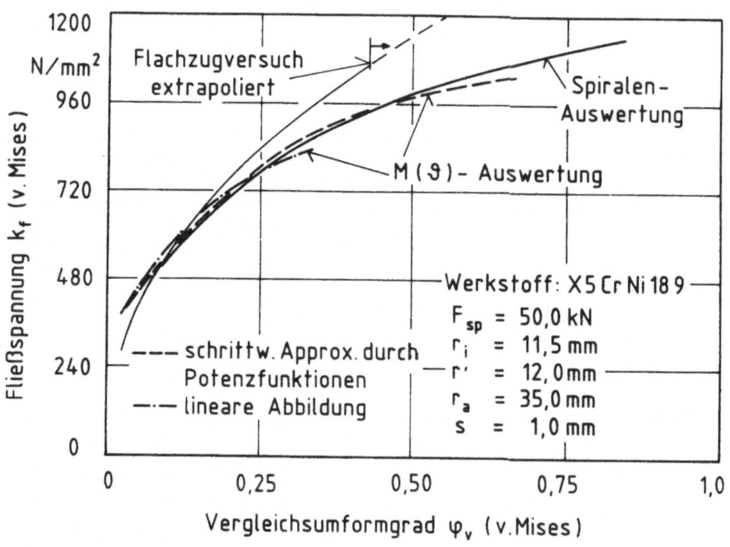

Bild 54: Fließkurven für X5 CrNi 18 9.

Beim Vergleich der beiden Ergebniskurven aus der Spiralen- und M(ϑ)-Auswertung zeigte sich wiederum die gleiche Tendenz wie für die anderen Werkstoffe. Eine sehr gute Übereinstimmung ergab sich für die Approximation mit Potenzfunktionen bis zu einem Vergleichsumformgrad von φ_V = 0,5, während das sich anschließende Kurvenstück flacher verlief als die Spiralenauswertung. Der Grund dafür liegt vermutlich in der starken Abschererscheinung zu Ende des Vorganges und der damit verbundenen kleinen zeitlichen Änderung der Meßgrößen (siehe Abschn. 6.2.4.1). Durch die Auswertung über lineare Abbildung wird dieser Effekt zu niedrigeren Fließspannungswerten hin verlagert; die Abweichungen zur Spiralenauswertung werden deutlicher. Das Verfestigungsverhalten von X5 CrNi 18 9 ist dem des Werkstoffes CuZn 30 sehr ähnlich.

Für eine Einspannkraft von F_{sp} = 75 kN konnten max. Umformgrade von φ_V = 1,0 nach der Spiralen- und φ_V = 0,67 nach der $M(\vartheta)$-Auswertung erreicht werden, bevor Faltenbildung einsetzte.

Wie bereits im Flachzugversuch bis zu einem Umformgrad von φ_V = 0,44 festgestellt, kann die Fließkurve nicht sinnvoll durch eine Potenzfunktion angenähert und somit auch nicht zu höheren Formänderungen extrapoliert werden. Zur Veranschaulichung wurde jedoch wiederum eine Extrapolation vorgenommen. Direkte Vergleiche können bis φ_V = 0,44 gezogen werden. Hierbei wird deutlich, daß im ebenen Torsionsversuch bis zu 12 % niedrigere Fließspannungen ermittelt werden. Für den weiteren flacheren Kurvenverlauf können Parallelen zu der Prüfung von massiven Proben des gleichen Werkstoffes gezogen wurden, bei der ein deutliches Abflachen der Fließkurve nach Erreichen der Gleichmaßformänderung festgestellt wurde.

AlMg 5; AlMg 2,5 und AlMg 0,4 Si 1,2

Für die Aluminiumlegierungen wurde ein qualitativ übereinstimmendes Verhalten beobachtet. Dies kam zunächst darin zum Ausdruck, daß bei den für die übrigen Werkstoffe praktikablen Parameterkombinationen Werkstofftrennung am Innenrand erfolgte, ohne daß zuvor nennenswerte Formänderungen erzielt wurden. Selbst durch Verwendung von Spannbacken mit abgerundeten Kanten oder mit einer anderen Oberflächenausführung (vgl. Abschn. 4.2) konnte dieser vermutlich auf eine starke Kerbempfindlichkeit der Werkstoffe zurückzuführende Effekt nicht unterdrückt werden. Mit dem Absenken der Einspannkraft und der dadurch verstärkten Abschererscheinung unter der Inneneinspannung erfolgte eine Lokalisierung der Formänderungen in diesem Bereich, wodurch sich die Verhältnisse im freien Bereich kaum verbesserten.

Erst die Vergrößerung des Innenspannbackenradius auf r_i = 20 mm brachte zumindest für AlMg 5 und AlMg 2,5 auswertbare Spiral- bzw. M(ϑ)-Kurven. Während für AlMg 0,4 Si 1,2 im Bereich der untersuchten Parameter keine brauchbaren Ergebnisse erzielt wurden, zeigte sich für die beiden anderen Aluminiumlegierungen eine starke Lokalisierung der Formänderung in der Nähe der Inneneinspannung. Diese kommt beim Vergleich der beiden Auswertemethoden (Bild 55) deutlich zum Ausdruck. Während für die Spiralenmethode nach dem Abscheren maximale Vergleichsumformgrade von φ_v = 1,16 für AlMg 5 bzw. 1,23 für AlMg 2,5 gemessen wurden, ergaben sich für die M(ϑ)-Auswertung in einem Abstand von 0,5 mm von der Innenspannbacke Werte von φ_v = 0,29 bzw. 0,5. Das M(ϑ)-Auswerteverfahren über lineare Abbildung lieferte Kurvenverläufe, die ca. 5 % unterhalb der Approximation mit Potenzfunktionen lagen und beim Vergleichsumformgrad auf etwa die Hälfte des Wertebereiches beschränkt blieben.

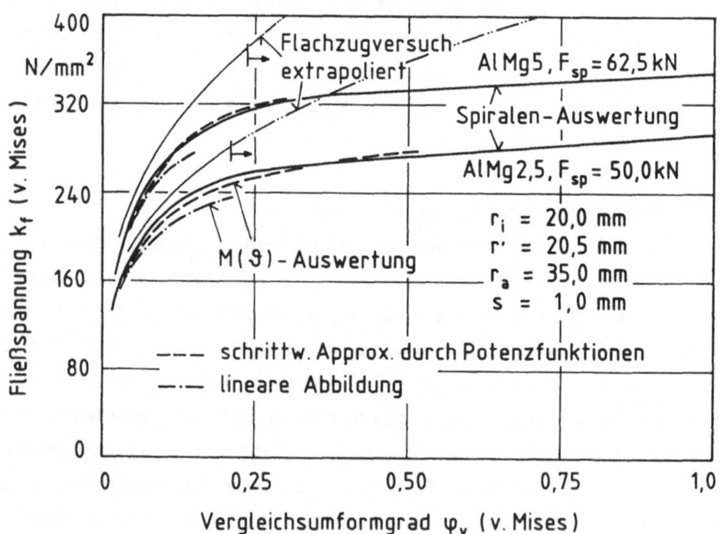

Bild 55: Fließkurven für Al Mg 2,5 und Al Mg 5.

Sowohl für AlMg 5 als auch AlMg 2,5 wurde ein deutlich flacherer Fließkurvenverlauf als im Zugversuch ermittelt. Im Meßbereich des Flachzugversuches, der etwa bis $\varphi_V = 0,24$ reicht, liegen die Abweichungen bei maximal 18 % bzw. 12 %.

Ab einem Wert der Vergleichsspannung, der etwa der im Flachzugversuch festgestellten Gleichmaßformänderung entspricht, ist für beide Werkstoffe ein nahezu lineares Verfestigungsverhalten im ebenen Torsionsversuch zu beobachten. Ein solches Verhalten ist ebenfalls aus Stauchversuchen an massivem Probenmaterial ähnlicher Werkstoffe bekannt.

6.3.1.2 Verfestigungsexponent

Wie bereits in Kapitel 1 ausgeführt, dient der n-Wert zur Kennzeichnung des Verfestigungsverhaltens von Werkstoffen, die in ausreichender Güte durch den Ludwik-Hollomon-Ansatz (Gl.(1)) beschrieben werden können. In technologischer Hinsicht gibt der Verfestigungsexponent eine Aussage über die Streckziehfähigkeit eines Bleches und ist somit eine wichtige Kenngröße bei der Blechbearbeitung.

In den vorangegangenen Abschnitten wurde darauf hingewiesen, daß die Verwendung eines n-Wertes nur dann sinnvoll ist, wenn zum einen die Meßwertpaare aus dem Flachzugversuch den Ansatz in ausreichender Näherung erfüllen und zum anderen ein Verhalten gemäß diesem Ansatz auch für größere Formänderungen vorausgesetzt werden darf. Damit wird eine Extrapolation möglich, die für den gesamten Fließkurvenverlauf eine globale Potenzfunktion setzt (C, n).

Bei Werkstoffen, für die bekanntermaßen diese globale Näherung nicht zutrifft, kann in Analogie dazu aus den Meßpunkten ein auf der Fließkurve bereichsweise gültiger n-Wert ermittelt werden. Die physikalische Aussagekraft, jetzt auf eng begrenzte Bereiche beschränkt, bleibt dadurch erhalten, da nach wie vor durch den n-Wert der Anstieg der Fließkurve und damit das Verfestigungsverhalten charakterisiert wird.

In der folgenden Analyse der Fließkurven aus dem ebenen Torsionsversuch wurden jeweils zwei benachbarte Auswertepunkte der

Fließkurve zur Berechnung eines n-Wertes herangezogen und so schrittweise dessen Änderung bestimmt. Da der n-Wert ähnlich empfindlich wie die Steigung selbst reagiert, sind die Ergebnisse mit gewissen Streuungen behaftet, was bei deren Interpretation zu berücksichtigen ist.

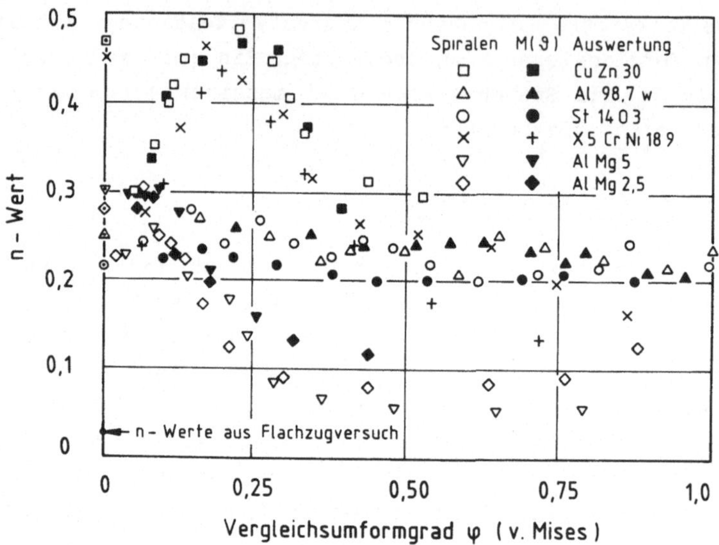

Bild 56: Verfestigungsexponenten ermittelt aus den Ergebnissen des ebenen Torsionsversuches.

Aus Bild 56 ist zu ersehen, daß für die Werkstoffe St 1403 und Al 98,7 w eine leichte Streuung des n-Wertes um einen zu hohen Umformgraden hin nur leicht abfallenden Mittelwert vorliegt. Wie im Flachzugversuch - dies ging bereits aus der Diskussion der Fließkurven hervor - kann hier für den gesamten Kurvenverlauf in guter Näherung ein konstanter n-Wert angenommen werden. Bedingt durch die beschriebenen Unterschiede zwischen der Spiralen- und M(ϑ)-Auswertung ergeben sich auch für die mittleren n-Werte (Tab. 2) Abweichungen bis zu 12 % für St 1403 und ca. 7 % für Al 98,7 w. Der Einfluß der Einspannkraft wirkt sich in etwa gleicher Höhe auf den n-Wert aus. So wurde für St 1403 zwischen F_{sp} = 50 kN und 25 kN ein Absinken des n-Wertes um

Werkstoff	n-Wert Flachzug-versuch	Einspannkraft F_{sp}(kN)	n-Wert $M(\vartheta)$-	n-Wert Spiralen-Auswertung
St 1403	0,214	15,0	0,242	0,26
		50,0/15,0	0,215	0,260
		25,0	0,23	0,253
		50,0	0,221	0,245
X5 CrNi 18 9	0,457	50,0	0,357	0,346
Al 98,7 w	0,248	0,0		0,225
		5,0	0,256	0,234
		20,0	0,245	0,244
AlMg 2,5 (r_i = 20 mm)	0,278	50,0	0,212	0,152
AlMg 5 (r_i = 20 mm)	0,308	62,5	0,265	0,149
CuZn 30	0,473	40,0/10,0	0,417	0,416
		15,0	0,447	0,456
		25,0	0,412	0,425
		50,0	0,402	0,405

r_i = 11,5 mm, r_a = 35,0 mm, s = 1,0 mm

Tabelle 2: Verfestigungsexponenten ermittelt aus den Ergebnissen des ebenen Torsionsversuches.

10 % und für Al 98,7 w zwischen 20 kN und 0 kN um 8 % beobachtet. Werden die bei kleiner Einspannkraft, also mit möglichst
geringer Störung ermittelten n-Werte zum Vergleich mit dem Zugversuch herangezogen, so liegen diese für St 1403 durchschnittlich um ca. 12 % höher und für Al 98,7 w ca. 3 % niedriger.

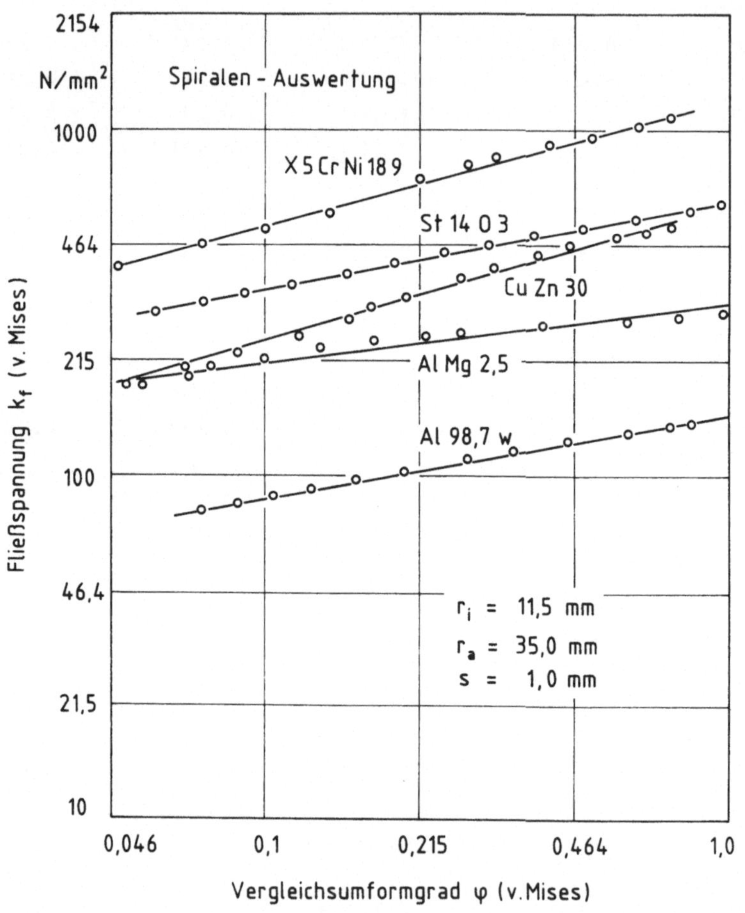

Bild 57: Fließkurven in doppeltlogarithmischer Darstellung.

Für alle anderen Versuchswerkstoffe sind deutliche Änderungen
im n-Wert offensichtlich. Die Verläufe für CuZn 30 und
X5 CrNi 18 9 sind, wie bereits für den Fließkurvenverlauf festgestellt, sehr ähnlich. Auf einen starken Anstieg des n-Wertes
bis zu φ_V = 0,2, wo etwa der im Zugversuch ermittelte n-Wert
erreicht wird, folgt ein steiler Abfall.

Die Al-Legierungen AlMg 2,5 und AlMg 5 zeigen im wesentlichen
einen abfallenden n-Wert, beginnend bei einem Wert von
n = 0,26, der etwa dem im Zugversuch ermittelten entspricht,
auf ca. 0,1, was - wie beschrieben - die Meßproblematik erhöht.
Aus der doppeltlogarithmischen Darstellung der Ergebnisse nach
der Spiralenauswertung (Bild 57) ist das Verhalten des n-Wertes
wie folgt zu erkennen: Die Verläufe für Al 98,7 w und St 1403
können sehr gut durch Geraden angenähert werden, während sich
für X5 CrNi 18 9 und CuZn 30 geschwungene Kurven mit Wendepunk-
ten ergeben. Für beide Werkstoffe wurde im Flachzugversuch im
Bereich bis zur Gleichmaßformänderung ein ansteigender n-Wert
festgestellt (Bild 22 in Abschn. 5.3).

Für die Al-Legierungen wurde aus Gründen der Übersichtlichkeit
stellvertretend der Werkstoff AlMg 2,5 eingezeichnet. Das qualitative Verhalten stimmt mit dem von AlMg 5 überein und ist
deutlich als degressiv ansteigende Kurve zu erkennen.

6.3.2 Fließkriterium für anisotropes Fließen

Die Anisotropie realer Werkstoffe hat, wie in Abschn. 3.2.4.2
gezeigt, eine Änderung der Fließspannung bzw. Vergleichsformänderung zur Folge. Hierdurch führt die Anwendung eines isotropen
Fließkriteriums bei der Auswertung der Ergebnisse zu einer
Fehleinschätzung der Vergleichsgrößen.

Unter Vernachlässigung der ebenen Anisotropie wird im folgenden
die Beeinflussung der Fließkurve durch die in Tab. A2/2 (Anhang 2) angegebene mittlere senkrechte Anisotropie $\bar{r}$ diskutiert.

Hierzu muß angemerkt werden, daß eine entsprechende Korrektur
den ebenen Torsionsversuch grundsätzlich aufwendiger gestaltet.
Da im allgemeinen für Blechwerkstoffe routinemäßig im Flachzugversuch die Anisotropiekennwerte bestimmt werden, kann der

Mehraufwand jedoch vernachlässigt werden.

Die Werkstoffe St 1403 und Al 98,7 w weisen mit $\bar{r}$ = 1,56 bzw. 0,61 unter den Versuchswerkstoffen die Extremwerte in der mittleren senkrechten Anisotropie auf. Beide zeigen im Zugversuch neben der senkrechten Anisotropie ein ausgeprägt unterschiedliches Verhalten abhängig vom Winkel zur Walzrichtung, was aber aus den in Abschn. 3.2.4.2 angeführten Gründen vernachlässigt wird.

In Tab. 3 sind die Korrekturfaktoren für k_f und φ_v aufgeführt. Hiernach erhöht sich die Fließspannung für St 1403 um 3,5 %, während die Korrektur bei Al 98,7 w auf um 4 % niedrigere Werte führt. Durch diese Änderungen verschieben sich die Fließkurven entsprechend gegenüber den Ergebnissen aus dem Flachzugversuch. Auf eine bildliche Darstellung soll an dieser Stelle verzichtet werden, da aus den in Abschn. 6.3.1 geschilderten Gründen eine Übereinstimmung mit dem Zugversuch kein sinnvolles Beurteilungskriterium darstellt.

Werkstoff	$\bar{r}$	A	B
St 1403	1,563	1,036	0,965
X5 CrNi 18 9	0,974	0,998	1,002
Al 98,7 w	0,616	0,96	1,042
Al Mg 2,5	0,689	0,969	1,032
Al Mg 5	0,763	0,977	1,023
CuZn 30	0,847	0,986	1,014

$$(k_{f\ aniso} = A\ k_{f\ iso};\ \varphi_{v\ aniso} = B\ \varphi_{v\ iso})$$

Tabelle 3: Korrekturfaktoren für die Auswertung unter Berücksichtigung der mittleren senkrechten Anisotropie.

Für CuZn 30 und X5 CrNi 18 9 wurden ähnliche $\bar{r}$-Werte ermittelt, wodurch die Fließkurve sich um nahezu gleiche Prozentsätze verschiebt. Trotzdem unterscheiden sich die Werkstoffe deut-

lich, da CuZn 30 näherungsweise isotropes Verhalten aufweist,
während sich bei X5 CrNi 18 9 nur aufgrund der Mittelwertbildung für $\bar{r}$ ein ähnlicher Zahlenwert ergibt.
Dennoch ist die Verwendung eines mittleren r-Wertes sinnvoll.
Durch die streng vorgegebenen kinematischen Randbedingungen
sowie die Beteiligung von Werkstoffelementen jeder Richtung an
der Verformung dürfte die ebene Anisotropie keine integralen
Auswirkungen haben.

7.1   ÜBERBLICK

Zur Sicherstellung sinnvoller Prüfergebnisse muß ein Blechwerkstoff, der im ebenen Torsionsversuch geprüft werden soll, bestimmte Voraussetzungen erfüllen.

Grundsätzlich sind stärker verfestigende Werkstoffe hinsichtlich der Meßsicherheit besser geeignet, da mit abnehmendem n-Wert eine verstärkte Lokalisierung der plastischen Zone im innenrandnahen Bereich erfolgt. Hieraus ergibt sich die Bedingung eines Mindestwertes für n, um eine dem Meßsystem angepaßte Auflösung der stark inhomogenen Verformung zu gewährleisten.

Wie in Abschn. 6.3 gezeigt, kann selbst für ein Werkstoffverhalten mit n = 0,1 problemlos ausgewertet werden, wenn geeignete Geometriebedingungen (großes r_i) gewählt werden. Im Bereich der technisch interessanten Werkstoffe, für die i. allg. ein möglichst großer n-Wert gefordert wird, ist die oben genannte Bedingung somit erfüllt.

In /30/ wurde als weitere Voraussetzung angegeben, daß die plastische Zone im Vergleich zur mittleren Korngröße und zur Blechdicke groß sein muß. Der erstgenannte Gesichtspunkt ist für technisch relevante n-Werte gewährleistet, während der zweite durch entsprechende Wahl der Geometrieparameter berücksichtigt werden muß. Mit der Forderung, daß eine Messung erst im Abstand von einer halben Blechdicke vom Innenradius erfolgen darf /31/, würde der Bereich größerer Umformgrade und somit ein wichtiger Vorteil des Versuches aufgegeben. In diesem Bereich konnten aber (siehe Kap. 6) sowohl bei der Spiralen- als auch bei der M(ϑ)-Auswertung keine Unregelmäßigkeiten festgestellt werden.

Die Auswertetheorie setzt eine monoton zunehmende Fließspannung voraus, was im allgemeinen für technisch relevante Werkstoffe bei Raumtemperatur zutrifft. Auswirkungen einer abfallenden Fließkurve müßten zunächst näher untersucht werden.

Sind die genannten Bedingungen erfüllt, so müssen während der Versuchsdurchführung durch geometrische und werkstoffseitige

Beeinflussung Gesichtspunkte der Drehmomentübertragung und Faltenbildung berücksichtigt werden.

7.2   DREHMOMENTÜBERTRAGUNG

In den vorangegangenen experimentellen Untersuchungen wurde die Problematik der Drehmomentübertragung an der Inneneinspannung schon mehrfach aufgezeigt. Es sind hierbei grundsätzlich verschiedene Fälle zu unterscheiden.
Wie in den Abschn. 6.1 und 6.2 beschrieben, besteht eine Abhängigkeit zwischen der Drehmomentübertragung und den Parametern Fließspannnung des Werkstoffes, Blechdicke, Einspannkraft und Innenspannbackenradius. Bei allen folgenden Betrachtungen soll vorausgesetzt werden, daß die Versuchseinrichtung das notwendige Drehmoment aufzubringen in der Lage ist. Ferner soll von einer Begrenzung des maximalen Drehmomentes durch die Auslegung der Meßvorrichtung abgesehen werden.

Wird bei der beschriebenen mechanischen Einspannung abhängig von der Innenspannbackenfläche eine bestimmte Einspannkraft unterschritten, so kann kein Formschluß durch plastisches Eindringen der Spannbackenverzahnung in die Blechoberfläche hergestellt werden. Näherungsweiser Kraftschluß reicht im allgemeinen nicht aus, die gewünschte Formänderung zu erzielen, so daß das Blech bei nicht ausreichender Einspannkraft in der Inneneinspannung abrutscht.
Ein ähnlicher Effekt ergibt sich nach Eindringen des Spannflächenprofils, wenn die Innenspannfläche kleiner wird als die Kreiszylinderfläche, in der die Verformung eigentlich stattfinden soll. Dieser Fall könnte theoretisch auftreten, wenn die Blechdicke bezüglich der Innenspannfläche zu groß gewählt wird. Die in die Blechfläche eingeprägte Verzahnung schert dann im Zahnfuß ab, ohne daß im freien Platinenbereich eine Verformung stattfindet.
Im Normalfall kann nach realisiertem Formschluß eine Verformung außerhalb der Einspannung erzielt werden. Allerdings läßt sich die Abschererscheinung aufgrund der Kinematik des Versuches nicht vollständig vermeiden. Am Außenrand der Inneneinspannung

muß die maximale Schubspannung aufgenommen werden, wodurch es
zwangsläufig zu einem Fließen in Blechebenenrichtung kommt. Da
die Spannung reziprok zum Quadrat des Radius ansteigt und mit
der Einspannkraft eine zusätzliche Spannung aufgebracht wird,
besteht die Neigung, die Verformungszone unter die Inneneinspannung zu verlagern.

Die ringförmige Abscherzone breitet sich somit abhängig von der
Einspannkraft bei zunehmender Verdrehung immer weiter in radialer Richtung zur Drehachse hin aus, bis die gesamte Verzahnung
im Innenspannbereich abgeschert ist und keine weitere Drehmo-
menterhöhung mehr stattfindet. Bevor dieses Stadium erreicht
wird, kann am Innenrand Werkstofftrennung erfolgen, deren Auftreten von Werkstoffeigenschaften und über die Spannungskonzen-
tration von der Inneneinspannung abhängig ist (Kerbwirkung,
Kerbempfindlichkeit).

Durch die mit der Einspannkraft eingebrachte Werkstoffverfesti-
gung unter der Innenspannbacke können bei höherer Einspannkraft
größere Drehmomente übertragen werden. Entsprechend tritt bei
kleinerer Einspannkraft der Fall, daß eine weitere Verdrehung
keine Erhöhung des Drehmomentes bzw. der Verformung mehr bewirkt, wesentlich früher ein.

Durch ein vorheriges Einprägen des Spannbackenprofils und die
dadurch erzielte Verfestigung im Spannbereich konnten jedoch
auch bei abgesenkter Einspannkraft höhere Verformungen erzielt
werden, ohne daß sich zusätzliche Störeinflüsse bemerkbar machten. Für die Versuchswerkstoffe St 1403 und CuZn 30 konnte das
maximale Drehmoment gegenüber der regulären Vorgehensweise um
ca. 20 % gesteigert werden, indem nach Einspannung mit
F_{sp} = 40-50 kN der tatsächliche Versuch bei 10 bis 15 kN
durchgeführt wurde.

Da sich die Innenspannfläche mit dem Radiusquadrat verändert,
gleichzeitig aber auch das Drehmoment zur Realisierung einer
bestimmten Spannung entsprechend ansteigt, ist aus theoretischer Sicht mit der Veränderung der Versuchsgeometrie keine
Verbesserung der Drehmomentübertragung zu erreichen. Kann jedoch die Blechdicke reduziert werden, so besteht die Möglichkeit, das zur Verdrehung notwendige Drehmoment herabzusetzen
und damit die Einspannbedingungen zu optimieren.

Der in /28, 29/ mit "Haftgrenze" bezeichnete Sachverhalt muß nach den vorliegenden Erfahrungen präzisiert werden. Bei der beschriebenen Versuchsführung und dem in Kap. 4 dargestellten Meßaufbau tritt prinzipiell durch die Relativbewegung zwischen Einspannung und Blech keine Verfälschung des Ergebnisses auf, da der daraus resultierende Winkelfehler eliminiert wird.
Eine echte Haftgrenze, die die Anwendbarkeit des ebenen Torsionsversuches begrenzt, kann somit nur bei nicht ausreichender Einspannkraft definiert werden. In allen anderen Fällen lautet die Fragestellung, bis zu welcher Verformung der Versuch gefahren werden kann, bis keine Erhöhung des Drehmomentes mehr möglich ist. Wird der in den Abschn. 6.1.4.1 und 6.2.4.1 untersuchte Störeinfluß der Einspannkraft mit in Betracht gezogen, so ist die oben beschriebene Vorgehensweise anzuraten, d.h. Einprägen der Spannbacken mit erhöhter Einspannkraft und Durchführung des Versuches bei möglichst kleiner Einspannkraft.

7.3   FALTENBILDUNG

7.3.1   Grundsätzliche Problematik

Ein reiner Schubspannungszustand, wie er näherungsweise beim ebenen Torsionsversuch auftritt, hat einen Zug-Druck-Spannungszustand in den Hauptrichtungen zur Folge. Erreicht das belastende Drehmoment einen kritischen Wert, so können die damit verbundenen Druckhauptspannungen abhängig von Geometrie und Werkstoff ein Ausknicken der Platine aus der Blechebene bewirken (vergleichbar mit der Faltenbildung beim Tiefziehen). Die dabei auftretenden Formänderungs- und Spannungszustände weichen von denen, die zur Versuchsauswertung vorausgesetzt werden, deutlich ab. Neben der ohnehin stark inhomogenen Verteilung in radialer Richtung treten jetzt zusätzlich Inhomogenitäten in Umfangsrichtung auf. Mit dem Einsetzen der Faltenbildung ist somit eine Anwendungsgrenze des ebenen Torsionsversuches erreicht.
Die Berechnung der Beulstabilität von kreisringförmigen Scheiben ist ein fundamentales Problem der Baustatik und der Luft-

fahrttechnik. Aus diesem Grund wurde die Problematik mit den unterschiedlichsten Lastzuständen und Lastkombinationen bereits von zahlreichen Autoren aufgegriffen und erörtert /54-71/. Dean /54/ veröffentliche 1929 die Lösung der Differentialgleichung für den Schubbelastungsfall bei isotropem Werkstoffverhalten. Andere Autoren /z.B. 66, 68, 70/ bezogen eine polare Orthotropie in ihre Betrachtungen ein. Den aufgeführten Arbeiten ist gemeinsam, daß ausschließlich das elastische Stabilitätsverhalten untersucht wurde.

Im Falle des ebenen Torsionsversuches ist die elastische Faltenbildung (wie später gezeigt wird) nur von geringem Interesse, da sich die Platine normalerweise in einem partiell plastischen Zustand befindet. Ein Ziel des Versuches ist es, möglichst große plastische Formänderungen zu erreichen.

7.3.2 Theoretische Untersuchung

7.3.2.1 Rechenmodell

Da der Versuch mit dem Auftreten von Falten fehlerhaft wird, interessiert bei der theoretischen Untersuchung lediglich die kritische Belastung zum Zeitpunkt des Ausknickens. Das Nachbeulverhalten war nicht Bestandteil der Betrachtungen.

Zur theoretischen Untersuchung der Faltenbildung eignet sich die Formänderungs-Energiemethode (strain energy method /73, 86/), die schon mehrfach zur Berechnung von Stabilitätsproblemen beim Tiefziehen herangezogen wurde /74-82/. Dieses in der elastischen Stabilitätstheorie abgeleitete Energiekriterium besagt, daß sich ein System in stabilem Gleichgewicht befindet, solange bei einer kleinen Störung (virtuellen Verschiebung) die Änderung der inneren Arbeit ΔW_i (Formänderungsarbeit) größer ist als die der äußeren ΔW_a. Der kritische Zustand ist erreicht, wenn beide Terme gleich groß sind, d.h. für

$$\Delta W_i = \Delta W_a \ . \tag{72}$$

Die Ausdrücke ΔW_i und ΔW_a sind im r, ϑ ,z - Zylinderkoordinatensystem durch folgende Beziehungen gegeben:

$$\Delta W_i = \int\limits_{0}^{2\pi} \int\limits_{r_i}^{r_a} \left\{ \frac{D}{2} \left[\left(\frac{\partial^2 z}{\partial r^2} + \frac{1}{r}\frac{\partial z}{\partial r} + \frac{1}{r^2}\frac{\partial^2 z}{\partial \vartheta^2} \right)^2 \right.\right.$$

$$+ 2(1-\nu)\left[\left(\frac{1}{r}\frac{\partial^2 z}{\partial r \partial \vartheta} - \frac{1}{r^2}\frac{\partial z}{\partial \vartheta} \right)^2 \right. \tag{73}$$

$$\left.\left.\left.- \frac{\partial^2 z}{\partial r^2}\left(\frac{1}{r}\frac{\partial z}{\partial r} + \frac{1}{r^2}\frac{\partial^2 z}{\partial \vartheta^2} \right) \right] \right] \right\} r\, dr\, d\vartheta$$

- wobei $z(r,\vartheta)$ die Auslenkung des Bleches aus der r-ϑ-Ebene charakterisiert - und

$$\Delta W_a = -1/2 \int\limits_{0}^{2\pi} \int\limits_{r_i}^{r_a} \left\{ N_r \left(\frac{\partial z}{\partial r} \right)^2 + N_\vartheta \left(\frac{1}{r}\frac{\partial z}{\partial \vartheta} \right)^2 \right.$$

$$\tag{74}$$

$$\left. + 2N_{r\vartheta}\frac{1}{r}\frac{\partial z}{\partial r}\frac{\partial z}{\partial \vartheta} \right\} r\, dr\, d\vartheta \; .$$

N_r, N_ϑ und $N_{r\vartheta}$ bezeichnen die durch die äußere Belastung in der Mittelebene des Bleches wirkenden, auf die Längeneinheit bezogenen Normal- und Schubkräfte. Da im Fall der reinen Schubbelastung keine Normalspannungen in radialer und tangentialer Richtung wirken, fallen die ersten beiden Terme des Integranden von ΔW_a weg. Für $N_{r\vartheta}$ gilt:

$$N_{r\vartheta} = \tau_{r\vartheta}\, s = \frac{M}{2\pi s r^2}\, s = \frac{M}{2\pi r^2} \; . \tag{75}$$

Prinzipiell läßt sich Gl.(72) nach dem Einsetzen der Ausdrücke

Gln.(73) bis (75) nach dem Drehmoment auflösen, wobei dieses jedoch im plastischen Fall implizit im Ausdruck für die Plattensteifigkeit D (siehe Abschnitt 7.3.2.3) auf der rechten Seite der Gleichung verbleibt:

$$
M_{krit} = \frac{\pi \int\limits_0^{2\pi} \int\limits_{r_i}^{r_a} \left\{ D \left[\left(\frac{\partial^2 z}{\partial r^2} + \frac{1}{r} \frac{\partial z}{\partial r} + \frac{1}{r^2} \frac{\partial^2 z}{\partial \vartheta^2} \right)^2 + 2(1-\nu) \right. \right.}{}
$$

$$
- \int\limits_0^{2\pi} \int\limits_{r_i}^{r_a} \left\{ \frac{1}{r^3} \frac{\partial z}{\partial r} \frac{\partial z}{\partial \vartheta} \right\} \times
$$

$$
\left[\left(\frac{1}{r} \frac{\partial^2 z}{\partial r \partial \vartheta} - \frac{1}{r^2} \frac{\partial z}{\partial \vartheta} \right)^2 - \frac{\partial^2 z}{\partial r^2} \left(\frac{1}{r} \frac{\partial z}{\partial r} + \frac{1}{r^2} \frac{\partial^2 z}{\partial \vartheta^2} \right) \right] \right] \right\} \, r \, dr \, d\vartheta \tag{76}
$$

$$
r \, dr \, d\vartheta
$$

Das Einsetzen einer beliebigen, den Randbedingungen genügenden Ansatzfunktion $z^*(r,\vartheta)$ in Gl.(76) führt auf eine Näherungslösung $M_{krit}{}^*$, wobei die unbekannte tatsächliche Auslenkung $z_0(r,\vartheta)$ den Ausdruck minimiert /72/.

7.3.2.2 Verschiebungsansatz

Die Wahl des Ansatzes für die Auslenkung $z^*(r,\vartheta)$ (Bild 58) basiert üblicherweise auf experimentellen Beobachtungen am ausgebeulten Blech oder auf theoretischen Überlegungen. Dabei hängt die erreichbare Güte der Näherung für die kritische Belastung davon ab, wie gut der gewählte Ansatz mit der tatsächlichen Geometrie übereinstimmt.

Zur Idealisierung der Auslenkung wurden zwei Ansätze $z_1{}^*$ und $z_2{}^*$ untersucht /83, 84/, die gleichermaßen die Randbedingungen des gegebenen Problems erfüllen, d.h.:

$$z(r,\vartheta) = 0, \quad \frac{\partial z(r,\vartheta)}{\partial r} = 0 \quad \text{für } r = r_i$$

$$z(r,\vartheta) = 0, \quad \frac{\partial z(r,\vartheta)}{\partial r} = 0 \quad \text{für } r = r_a \, . \tag{77}$$

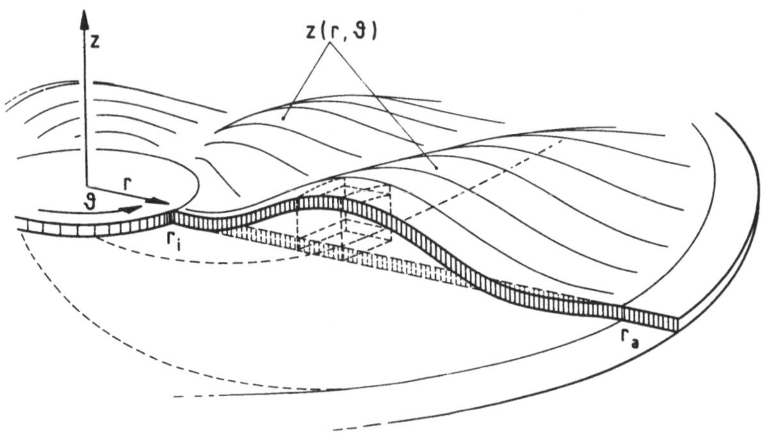

Bild 58: Schematische Darstellung der Beulfläche.

Grundsätzlich wird, wie bei derartigen Problemstellungen üblich, eine kosinusförmige Ausbildung der Falten mit einer Faltenzahl m angenommen.

Der erste Ansatz z_1^* wurde aus theoretischen Überlegungen abgeleitet. Bild 59 zeigt den radialen und konzentrischen Verlauf der maximalen Schubspannungen (Gleitlinien) bei einer idealen Torsionsbelastung des kreisringförmigen Platinenbereiches. Die Gleitlinien schließen mit den Hauptrichtungen einen Winkel von 45° ein, wodurch diese die Form von logarithmischen Spiralen annehmen. Da die Druckhauptspannungen für das Ausknicken verantwortlich sind, bilden sich die Falten näherungsweise (beein-

flußt durch Einspannbedingungen) entlang solcher Spiralkurven
aus. Aus diesem Grund wurde folgender Ansatz gewählt:

$$z_1{}^*(r,\vartheta) = \frac{e^{ar}}{r^b}(r - r_i)^2 (r - r_a)^2 \cos\left[m \tan(c \ln r_i/r) + \vartheta\right].\quad(78)$$

Während das Argument der Kosinusfunktion die Form der logarithmischen Spirale wiedergibt, dienen die quadratischen Glieder zur Einhaltung der Randbedingungen, die Exponential- und
Potenzfunktion zur Beeinflussung der Auslenkungsform.

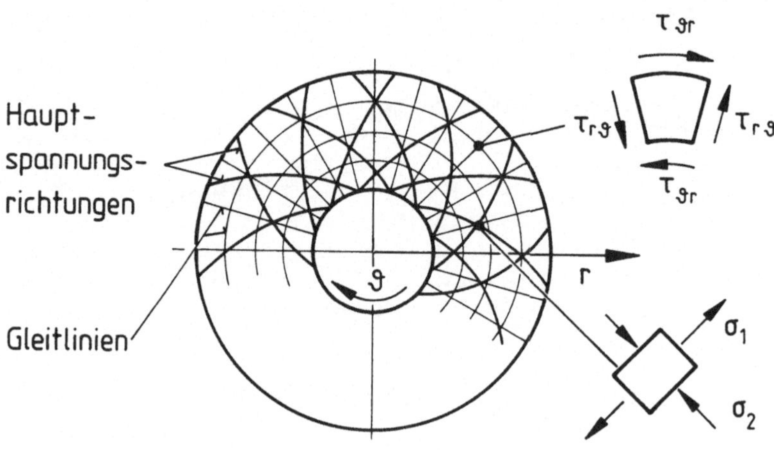

Bild 59: Gleitlinien und Hauptspannungsrichtungen im freien
Platinenbereich.

Durch Variation des Ausdruckes für M_{krit} Gl.(76) in den freien
Parametern a, b, c kann die innerhalb des Ansatzes energetisch
günstigste Faltenform und damit eine Näherung für das kritische
Drehmoment gefunden werden.

Als zweiter Ansatz $z_2{}^*$ diente ein allgemeiner trigonometrischer
Reihenansatz zur näherungsweisen Darstellung der Beulfläche:

$$z_2^*(r,\vartheta) = \sum_{k=1}^{1} \left[A_k\, f(r)\, \sin(m\vartheta) + B_k\, g(r)\, \cos(m\vartheta) \right] . \qquad (79)$$

Entsprechend den Randbedingungen Gl.(77) wurde $f(r) = g(r)$ mit

$$f(r) = \cos\left[(k-1)\,\pi\,\frac{\ln r/r_i}{\ln r_a/r_i} \right] - \cos\left[(k+1)\,\pi\,\frac{\ln r/r_i}{\ln r_a/r_i} \right] (80)$$

gesetzt.

Wird dieser Ansatz in Gl.(76) eingesetzt, erhält man durch die Variation in den Koeffizienten A_k, B_k (Ritzsches Verfahren /86/)

$$M_{krit} \overset{!}{=} Min \qquad\qquad (81)$$

ein homogenes lineares Gleichungssystem. Ein solches Gleichungssystem hat nur dann nichttriviale Lösungen, wenn die Koeffizientendeterminante verschwindet. Aus der Serie der Eigenwerte ist der kleinste die gesuchte Lösung für das kritische Drehmoment, das mit zunehmender Reihengliedanzahl des Ansatzes z_2^* genauer wird.

Der Ansatz z_1^* ist verglichen mit dem Reihenansatz weniger flexibel, da an eine bestimmte Funktion gebunden und gestattet alleine für sich betrachtet keine Einschätzung der Güte des Ergebnisses.

Zur Berechnung des kritischen Drehmomentes, d.h. zur Lösung des Variationsproblems, wurden zwei Rechenprogramme in der Programmiersprache FORTRAN erstellt.

7.3.2.3 Idealisierung des Werkstoffverhaltens

Wird rein elastisches Werkstoffverhalten angenommen, so gilt für die Plattensteifigkeit:

$$D = \frac{Es^3}{12(1 - v^2)} \cdot \qquad (82)$$

Im Normalfall bildet sich jedoch eine ringförmige plastische
Zone aus, die sich mit zunehmendem Drehmoment vergrößert. Hierdurch ändert sich das Gesamtverhalten der Platine.
Zur werkstoffseitigen Charakterisierung des Steifigkeitsverhal-
tens plastifizierter Bereiche schlugen v. Karman und Engesser
die Verwendung eines sog. Knickmoduls (reduzierten Moduls)
statt des E-Moduls vor /85/

$$E_0 = \frac{4EE_t}{(\sqrt{E} + \sqrt{E_t})^2} \cdot \qquad (83)$$

Hierin kennzeichnet der Tangentenmodul E_t die Steigung der
Fließkurve $dk_f/d\varphi$ und ist somit von der jeweiligen Formänderung abhängig.

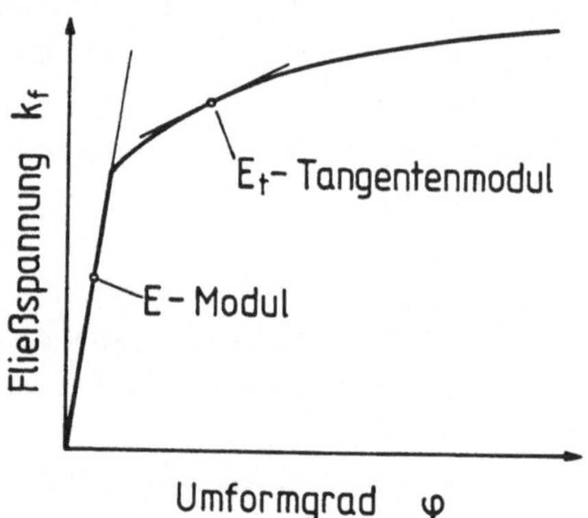

Bild 60: Schematische Darstellung der Fließkurve.

Grundlage für die Theorie nach v. Karman und Engesser ist die
Annahme, daß die Probe bis zum Erreichen der kritischen Werte
eben bleibt. Beim Ausknicken bildet sich dann an der konvexen
Seite eine Entlastungszone (elastische Entlastung) aus, während
auf der konkaven Seite die Druckspannungserhöhung eine weitere

plastische Verformung bewirkt. Aus der Gleichgewichtsbetrachtung über den Querschnitt ergibt sich für Platten konstanter Dicke die oben angeführte Gl.(83).

Die Steifigkeit des plastischen Systems wird somit durch

$$D_{pl} = \frac{E_0 s^3}{12(1 - v^2)} \tag{84}$$

gekennzeichnet, wobei unter Berücksichtigung der Volumenkonstanz die Querkontraktionszahl $v = 0,5$ gesetzt wird.

Da sich im plastischen Fall die Schubspannungsverteilung, bestimmt durch das Momentengleichgewicht, nicht ändert, kann analog zur Berechnung der elastischen Faltenbildung vorgegangen werden, indem D_{pl} für D gesetzt wird. Durch die Abhängigkeit des Tangentenmoduls von φ bzw. k_f ergibt sich eine ähnliche Abhängigkeit für E_0 bzw. D_{pl}. Die stark inhomogene Spannungs- und Formänderungsverteilung hat somit eine kontinuierliche Änderung des Knickmoduls in radialer Richtung zur Folge.

Mit dem vorausgesetzten isotropen Werkstoffverhalten ergibt sich:

$$E_0 = E_0(r,M) \ . \tag{85}$$

Zur Berechnung der Arbeitsintegrale in Gl.(76) wird folgendermaßen vorgegangen: Mit Hilfe des Fließkriteriums nach v. Mises wird anhand der Anfangsfließspannung k_{f0} bzw. $R_{p0,2}$ der Radius r_p ermittelt, an dem der elastische Bereich in den plastischen übergeht. Das Integral der inneren Arbeit wird dann bereichsweise für den elastischen und den plastischen Teil berechnet. Zur Berechnung des Knickmoduls E_0 wird die aus dem Zugversuch ermittelte Fließkurve der Form

$$k_f = C \, \varphi^n \tag{86}$$

verwendet. Da diese Näherung im hier interessierenden Bereich kleiner Umformgrade bekanntermaßen nicht gut erfüllt ist, wird die Potenzfunktion dort durch ihre Tangente ersetzt, die die Spannungsachse bei k_{f0} ($R_{p0,2}$) schneidet; hierdurch wird das Arbeitsintegral im plastischen Bereich wiederum in zwei Anteile zerlegt.

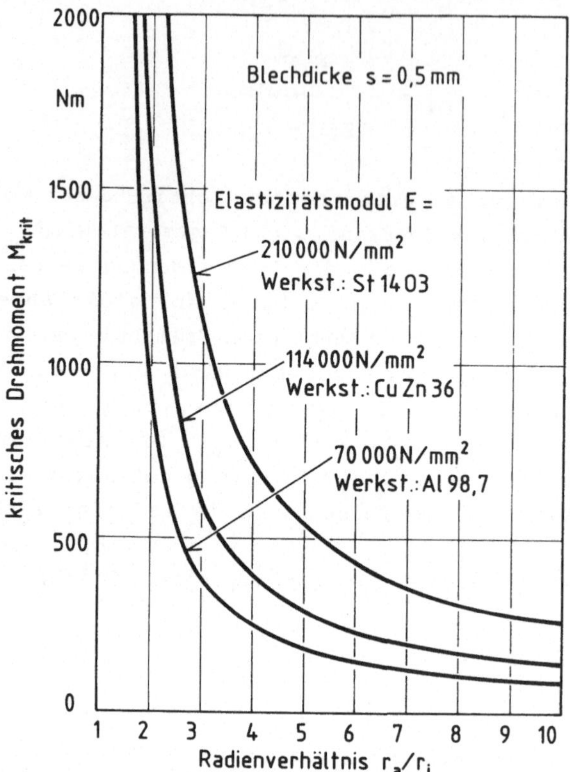

Bild 61: Verlauf des kritischen Drehmomentes für elastisches Verhalten.

7.3.2.4 Ergebnisse

Elastische Faltenbildung

Da der ebene Torsionsversuch die plastische Verformung der Versuchsprobe zum Ziel hat, ist ein Versuch, bei dem ein Ausknicken bereits im elastischen Zustand der Platine erfolgt, völlig unbrauchbar. Für die nachfolgend vorgestellten Rechenergebnisse wurde zunächst ein rein elastisches Verhalten entsprechend den E-Moduln der Versuchswerkstoffe angenommen. Bild 61 zeigt den steilen Abfall des kritischen Drehmomentes mit wachsendem Radienverhältnis für die Versuchswerkstoffe mit einer Blechdicke s = 0,5 mm.

Die nach der Energiemethode berechneten Werte lagen für den Verschiebungsansatz z_1^* nur etwa 1 % höher als die Lösung der Differentialgleichung nach Dean /54/ (s. Anhang 3 Tab. A3/1). Eine Konvergenzstudie bei Verwendung von z_2^* zeigte für den hier betrachteten elastischen Fall, daß in der Regel je fünf bis sechs Reihenglieder A_k und B_k benötigt wurden, um die Güte der Näherung des Ansatzes z_1^* zu erreichen. Eine Verbesserung des Ergebnisses um die verbleibende Differenz von einem Prozent ist durch die Erhöhung der Reihengliedanzahl möglich, muß aber mit erhöhtem Rechenaufwand erkauft werden.

Das kritische Drehmoment hängt bei elastischer Betrachtung neben dem E-Modul und der Blechdicke nur vom Radienverhältnis, nicht aber von den Absolutwerten der Radien ab. Mit Hilfe der Anfangsfließspannung k_{f0} kann deshalb über das Fließkriterium nach v. Mises derjenige Innenradius bestimmt werden, bei dem unter der kritischen Belastung (M_{krit}) gerade plastisches Fließen einsetzt. Diese im folgenden mit kritischem Innenradius bezeichnete Größe gibt die Möglichkeit der elastischen Faltenbildung an. Da die Schubspannung mit zunehmendem Radius abfällt, tritt für Radien größer als der kritische Radius elastische Faltenbildung, für kleinere zunächst Fließen am Innenrand auf.

Der Verlauf der kritischen Innenradien für eine Blechdicke s = 0,5 mm ist in Bild 62 in Abhängigkeit vom Radienverhältnis dargestellt. Anhand der geometrischen Gegebenheiten der Versuchsanlage mit den Außenradien r_a = 80 und 35 mm können die geometrischen Grenzkurven gefunden werden. Liegen diese Grenzkurven für bestimmte Radienverhältnisse über dem kritischen Radienverlauf, so ist mit elastischen Falten zu rechnen.

Wie aus Bild 62 zu entnehmen, liegen die kritischen Radien für alle Werkstoffe weit über den Grenzkurven, woraus gefolgert werden kann, daß für praxisübliche Blechdicken s $\geq$ 0,5 mm eine Plastifizierung des Bleches eintritt, bevor Falten auftreten.

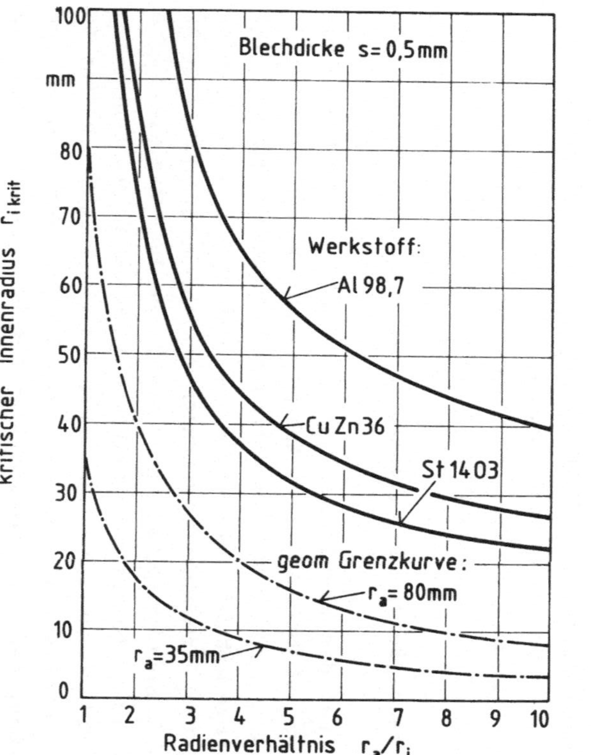

Bild 62: Kritischer Innenradius.

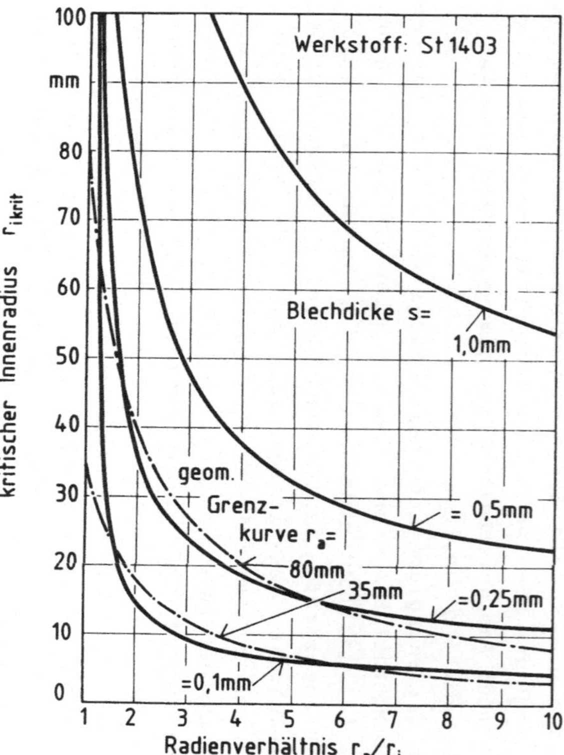

Bild 63: Kritischer Innenradius für St 1403.

Diese Aussage gilt natürlich nur für die verwendete Versuchseinrichtung.
Als Rechenbeispiel wurde der Werkstoff St 1403 mit verschiedenen Blechdicken untersucht (Bild 63). Wie sich zeigte, können
bei bestimmten Radienverhältnissen für die Blechdicken
$s = 0,1$ mm und $0,25$ mm elastische Falten auftreten. Dies ist
für $s = 0,1$ mm bei beiden Außenradien $r_a = 35$ mm und 80 mm, für
$s = 0,25$ mm nur bei $r_a = 80$ mm der Fall.
Wie bereits festgestellt, sind Blechdicken, die von praktischem
Interesse sind, nicht davon betroffen. Der ebene Torsionsversuch kann somit bis zum Auftreten plastischer Falten gültig
ausgewertet werden. Wie dieser Zeitpunkt durch Optimierung der
Versuchsgeometrie möglichst weit hinausgeschoben werden kann,
sollte die folgende Untersuchung ergeben.

Teilplastische Faltenbildung

Im Gegensatz zur elastischen Faltenbildung, bei der sich der
Energieausdruck für den gegebenen Fall nach dem Belastungspara-
meter auflösen läßt, verbleibt bei plastischem Verhalten, wie
bereits erwähnt, das Drehmoment implizit in der zu lösenden
Gleichung. Dies gestaltet das Lösungsverfahren etwas komplizierter.
Anschaulich wird für ein bestimmtes Drehmoment zunächst das
momentane Werkstoffverhalten berechnet und anschließend anhand
des Energiekriteriums beurteilt, ob Ausknicken stattfindet.
Konvergenztests zeigten, daß im teilplastischen Fall die Näherung von der Versuchsgeometrie (r_i, r_a) abhängt. In Bild 64
sind die relativen Abweichungen im kritischen Drehmoment für
die beiden Ansatztypen dargestellt. Prinzipiell ist es wiederum
möglich, durch eine entsprechend große Reihengliedanzahl für
den trigonometrischen Ansatz $z_2{}^*$ beliebig genaue Näherungen zu
erzielen. Die Verbesserung gegenüber der relativ starren Ansatzfunktion $z_1{}^*(r,\vartheta)$ lag in der Regel unter 5 %. Abhängig von
der Versuchsgemoetrie wurden im teilplastischen Fall zwischen
je 6 und 12 Reihenglieder für A_k und B_k benötigt, um die Güte
der Näherung von $z_1{}^*(r,\vartheta)$ zu erreichen. Im Extremfall, d.h. für
den kleinsten Innenradius $r_i = 7,5$ mm in Verbindung mit dem

großen Außenradius r_a = 80 mm, lag das kritische Drehmoment selbst bei 12 Reihengliedern noch ca. 5 % höher als die starre Lösung, die demnach auch zur Untersuchung des teilplastischen Falles gut geeignet ist.

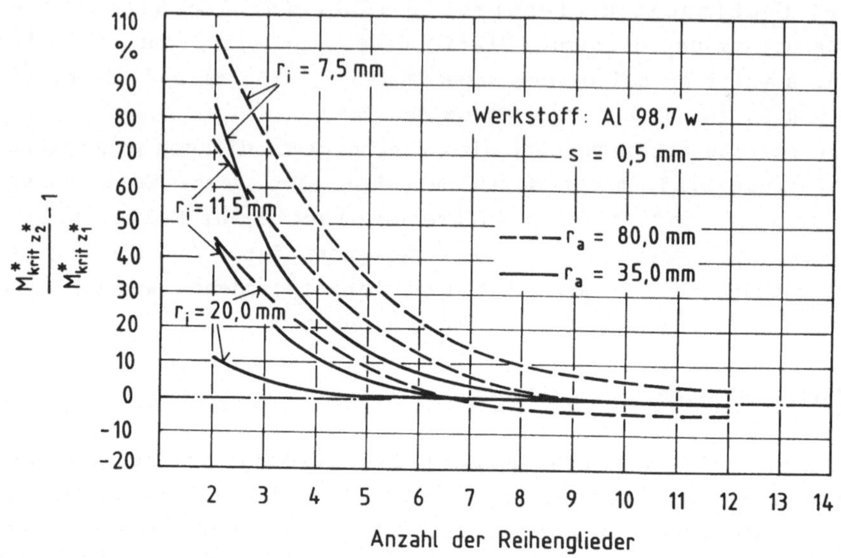

Bild 64: Vergleich der kritischen Drehmomente für die Ansatzfunktionen z_1^* und z_2^*.

Wie schon im vorhergehenden Abschnitt aus der Grenzbetrachtung zwischen elastischem und plastischem Verhalten deutlich wurde, spielt die Größe des Innenradius r_i für die Stabilität der teilplastischen Platine eine entscheidende Rolle.
Mit der Plastifizierung von Teilbereichen der Versuchsprobe sinkt das kritische Drehmoment stark ab, da die Steifigkeit nur noch einen Bruchteil der elastischen Steifigkeit ausmacht. Die Höhe des kritischen Drehmomentes hat jedoch für die Beurteilung der Faltenneigung beim Torsionsversuch keine Aussagekraft. Ein Kriterium zur Einschätzung der Faltenneigung muß eine Aussage darüber gestatten, welche Formänderungen zum Zeitpunkt des Ausknickens bereits erreicht wurden. Hierzu erscheint es sinnvoll, das errechnete neutrale Drehmoment auf eine relevante Größe umzurechnen.

Aus dem kritischen Drehmoment läßt sich die maximale Vergleichsspannung am Innenrand berechnen, woraus sich unter Zuhilfenahme der verwendeten Fließkurve ein kritischer Umformgrad ergibt. Dieser kennzeichnet die Formänderung zum Zeitpunkt des Ausknickens und somit bis zu welchem Umformgrad die Fließkurve bestimmt werden kann.

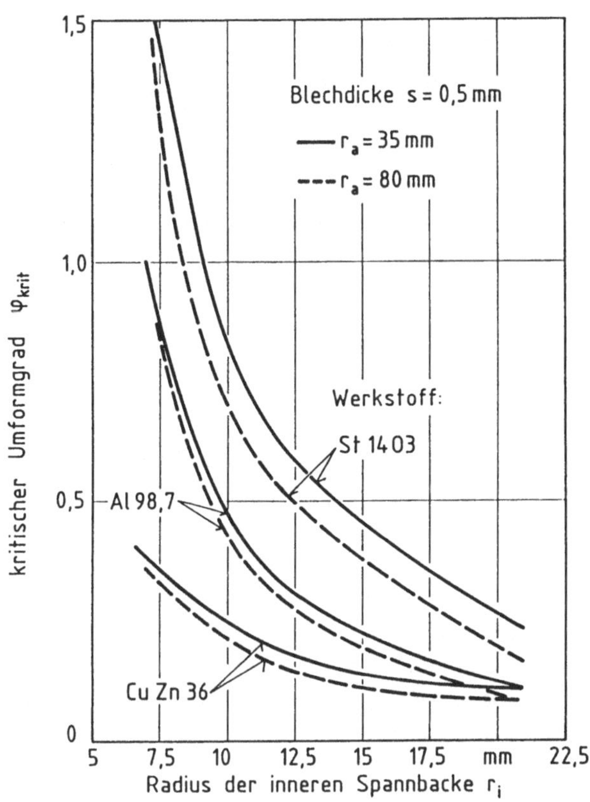

Bild 65: Kritischer Umformgrad für die Versuchswerkstoffe.

Die Ergebnisse dieser theoretischen Betrachtung sind in Bild 65 für alle Versuchswerkstoffe mit einer Blechdicke s = 0,5 mm aufgetragen. Es wird deutlich, daß mit zunehmendem Innenradius die Neigung zur Faltenbildung ansteigt, d.h. der kritische Umformgrad sehr stark abfällt. Dies ist darauf zurückzuführen, daß mit kleinerem Innenradius aufgrund der wachsenden Span-

nungsgradienten die radiale Ausdehnung der plastischen Zone
abnimmt. Der Anteil des wesentlich steiferen elastischen Verhaltens wächst an, wodurch sich die relative Steifigkeit
erhöht, obwohl der Absolutbetrag des kritischen Drehmomentes
absinkt.

Die Vergrößerung des Außenradius wirkt sich vergleichsweise
schwach aus, da dort lediglich der elastische Teil vergrößert
und somit die Einspannung verlagert wird. Bild 65 macht weiterhin deutlich, daß der Werkstoff St 1403 bei vorgegebener
Versuchsgeometrie bis zu höheren Umformgraden geprüft werden
kann als CuZn 36 und Al 98,7 w. Dies ist eine Wirkung des n-
Wertes, der die Ausdehnung der plastischen Zone mitbestimmt.
Durch die gleichmäßigere Plastifizierung über dem freien Platinenbereich tritt für höhere n-Werte das Ausknicken früher auf.
Weitere Ergebnisse werden im Vergleich mit den experimentellen
Untersuchungen vorgestellt und diskutiert.

Für die in Bild 65 betrachteten, an den experimentellen Untersuchungen orientierten Spannbackenabmessungen lagen beim Erreichen der kritischen Belastung (M_{krit} bzw. φ_{krit}) abhängig vom
Radius der Innenspannbacke unterschiedlich große elastische
Restbereiche am Außenrand der Platine vor. In wenigen Fällen
reichte die plastische Zone gerade bis zur Außenberandung.

Ergänzende Untersuchungen zeigten, daß der kritische Umformgrad
in Weiterführung der Kurven von Bild 65 bei weiterer Vergrößerung des Innenradius ein Minimum durchläuft und nachfolgend
wieder ansteigt. Ein solcher Anstieg kann ebenfalls durch eine
Verlagerung der Außeneinspannung in die beim kritischen Be-
lastungszustand vorliegende plastische Zone herbeigeführt
werden.
Bild 66 zeigt dies am Beispiel des Werkstoffes Al 98,7 w, für
den bei r_i = 20 mm, r_a = 35 mm (Bild 65) die Plastifizierung
gerade bis zur Außenberandung fortgeschritten war. Das Verhalten des kritischen Umformgrades in Bild 66 macht deutlich, daß
bei festem r_a = 35 mm mit einem Innenspannbackenradius von

r_i = 32,5 mm, bei festem r_i = 20 mm mit einem Außenspannbackenradius von r_a = 22,5 mm geprüft werden müßte, um die gleichen
Stabilitätsverhältnisse wie bei einer Kombination r_i = 7,5 mm,
r_a = 35 mm (teilplastisch) realisieren zu können. Die Ausdehnung der freien Ringfläche betrüge somit in beiden Fällen nur
noch 2,5 mm.

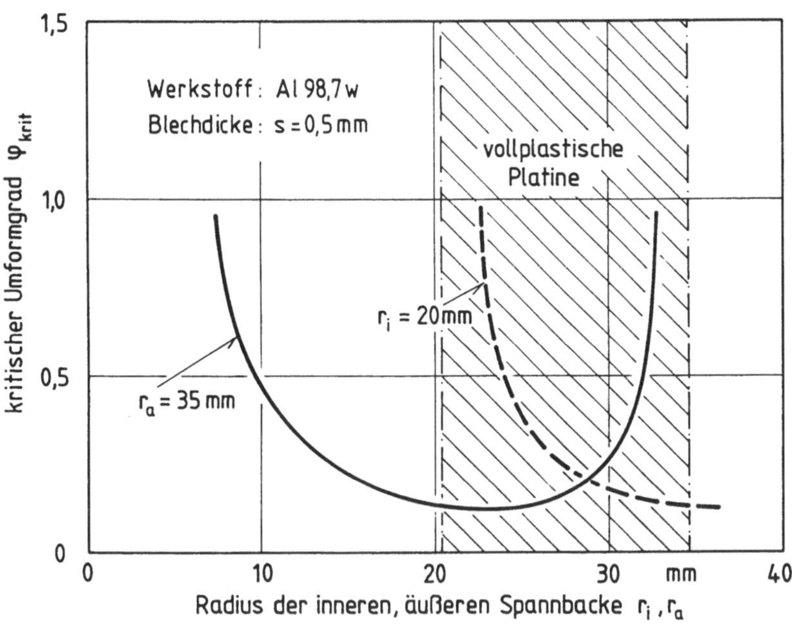

Bild 66: Kritischer Umformgrad für den Werkstoff Al 98,7 w

Sollen also mit dem teilplastischen Zustand vergleichbare Werte
für φ_{krit} erzielt werden, so müssen sowohl eine erhebliche
Verkleinerung des freien Bereiches als auch das Auftreten
großer plastischer Formänderungen an der Außenberandung in Kauf
genommen werden. Dies führt in der praktischen Fließkurvenbe-

stimmung zu folgenden Problemen: Die Außeneinspannung wird bezüglich der Drehmomentübertragung und des Störeinflusses der Einspannung ähnlich kritisch wie bisher nur die Inneneinspannung. Hierdurch gestaltet sich die Verdrehwinkelmessung noch schwieriger, d.h. es müßte ein zweiter Aufnehmer vorgesehen werden, obwohl infolge der beengten Platzverhältnisse selbst die Anwendbarkeit der praktizierten Methode (vgl. Abschn. 4.3.2) zu bezweifeln wäre. Bei einer Spiralenauswertung könnte nur ein kleiner Formänderungsbereich erfaßt werden.

Die Möglichkeit einer Versuchsoptimierung hinsichtlich der Faltenbildung durch die Wahl sehr dicht beieinander liegender Innen- und Außenspannbacken ist aus den genannten Gründen nicht von praktischem Interesse.

7.3.3 Experimentelle Untersuchung

7.3.3.1 Versuchsdurchführung

Zur experimentellen Untersuchung der Faltenbildung müssen einige Anmerkungen gemacht werden. Ideale Einspannbedingungen können, wie auch bei der Fließkurvenaufnahme, nicht realisiert werden. Andererseits können die realen aufgrund ihrer Kompliziertheit nicht in die theoretischen Untersuchungen mit dem beschriebenen einfachen Modell einbezogen werden.
Die profilierten Spannbacken dringen, um eine Übertragung des Drehmomentes überhaupt erst zu ermöglichen, plastisch in den Blechwerkstoff ein, wobei während des Versuches eine bestimmte Einspannkraft wirksam bleibt. Eine Beeinflussung des Ausknickens durch den veränderten Spannungszustand sowie die Kerbwirkung am Rand der Einspannung kann nicht ausgeschlossen werden. Allerdings wird durch diese beiden Faktoren sicherlich die Faltenbildung gefördert, d.h. das Drehmoment herabgesetzt, so daß die experimentell ermittelten Werte im Vergleich mit der oberen Schrankenlösung der Energiemethode auf der sicheren Seite liegen würden. Die bei den experimentellen Untersuchungen

festgestellte schwache Dickenänderung des Bleches hätte jedoch den umgekehrten Effekt und würde die Steifigkeit des Systems geringfügig erhöhen, da die Blechdicke in dritter Potenz in die Berechnungen eingeht.

Um die experimentelle Vorgehensweise zu optimieren und die bechriebenen Faktoren in ihrer Auswirkung klein zu halten, wurde mit kleinstmöglicher Einspannkraft gearbeitet, ungeachtet einer erhöhten Relativbewegung unter der Innenspannbacke.

Da der Zeitpunkt des Ausknickens nicht durch visuelles Beobachten des Bleches ermittelt werden kann, wurden verschiedene Platinen mit Hilfe der einstellbaren Rutschkupplung schrittweise höher belastet. Nach dem Versuch wurden vier verschiedene Zustände der Platine festgestellt, die in den folgenden Diagrammen festgehalten sind: keine Faltenbildung, Einsetzen der Faltenbildung, Faltenbildung und Abscheren ohne Faltenbildung. Während absolute Ebenheit der Platine für die Kategorie "keine Faltenbildung" gefordert wurde, waren erste Anzeichen für Faltenbildung (leichte Unebenheiten) der Anlaß, den Versuch in die Gruppe "Einsetzen der Faltenbildung" einzuordnen. Im Gegensatz zu den theoretischen Annahmen bilden sich die Falten meist sichtbar nacheinander aus. Ab einer bestimmten Höhe der Belastung stellt sich eine Faltenzahl ein, die bis zur Werkstofftrennung konstant bleibt. Der Begriff "Faltenbildung" steht in den Diagrammen für einen derartigen, üblicherweise mit Postbuckling bezeichneten Zustand.
Das "Abscheren ohne Faltenbildung" stellt keine objektive Größe dar, da es durch die Kerbwirkung beeinflußt wird. Zur Beurteilung der Faltenneigung kann der Punkt jedoch herangezogen werden, da definitiv bis zu einem bestimmten Drehmoment noch keine Faltenbildung erfolgte.
Entscheidend für einen Vergleich mit den Ergebnissen der theoretischen Berechnung ist das Einsetzen der Faltenbildung.

7.3.3.2   Ergebnisse

Die experimentellen Untersuchungen wurden für die Werkstoffe

Al 98,7 w, St 1403 und CuZn 36 mit den Blechdicken 0,5 mm und 1,0 mm bei Außenradien r_a = 35 mm und 80 mm durchgeführt. Der Innenradius wurde mit r_i = 7,5; 11,5 und 20 mm variiert. Versuche mit St 1403 und CuZn 36 für r_i = 20 mm konnten aufgrund der Drehmomentbegrenzung durch die Meßscheiben für die Blechdicke 1 mm nicht durchgeführt werden.
Alle Ergebnisse der experimentellen Untersuchung waren gut reproduzierbar.

Die Rechenergebnisse mit der Ansatzfunktion $z_2^*(r,\vartheta)$, die in den folgenden Diagrammen (Bilder 67-72) den experimentellen Ergebnissen gegenübergestellt sind, wurden ausnahmslos mit einer Reihengliedzahl von je 15 für A_k und B_k gewonnen (Zahlenwerte s. Anhang 3 Tab. A3/2). Hierbei traten nur noch Änderungen des kritischen Drehmomentes von 0,5 % im Vergleich zur nächst kleineren getesteten Reihengliedanzahl auf. Als Genauigkeitsanforderung wurde $\pm$ 0,1 Nm angesetzt.

Bei den experimentellen Untersuchungen des Werkstoffes **Al 98,7 w** für eine Blechdicke von s = 0,5 mm wurde für alle Parameterkombinationen Faltenbildung beobachtet. Die Ergebnisse der Untersuchungen sind in Bild 67a und 67b dargestellt. Der Vergleich der Meßwerte für das kritische Drehmoment mit den Ergebnissen der Rechnung zeigt eine gute Übereinstimmung. Für den Außenradius r_a = 35 mm wurden mit den beiden Ansatzfunktionen nahezu gleiche Werte für das kritische Drehmoment errechnet, während beim größeren Aussenradius die trigonometrische Reihenfunktion auf kleinere kritische Werte führte. Die Verbesserung der Näherung lag im Bereich zwischen 0 und 5 %, abhängig von der Größe des Innenradius.
Für die Blechdicke s = 1 mm (Bilder 68a und 68b) wurden bei den Innenradien r_i = 7,5 und 11,5 mm keine Falten festgestellt. Hier erfolgte Werkstofftrennung am Innenrand, ohne daß sich zuvor Falten gebildet hatten. Auch in diesem Fall lieferte die Berechnung sehr gute Ergebnisse. Während bei r_i = 7,5 mm ein deutlicher Abstand (Reserve) zur theoretischen Kurve feststellbar ist, liegen die experimentellen Ergebnisse für r_i = 11,5 mm annähernd auf der Kurve. Dies deckt sich mit Beobachtungen im

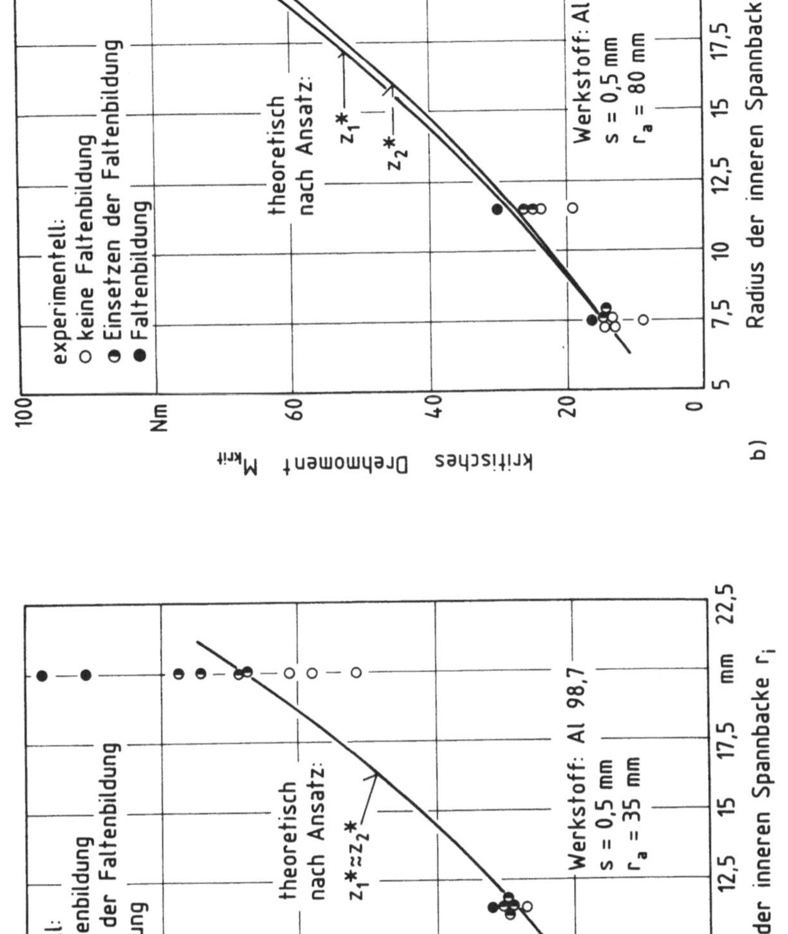

Bild 67: Experimentell und theoretisch ermittelte kritische Drehmomente.

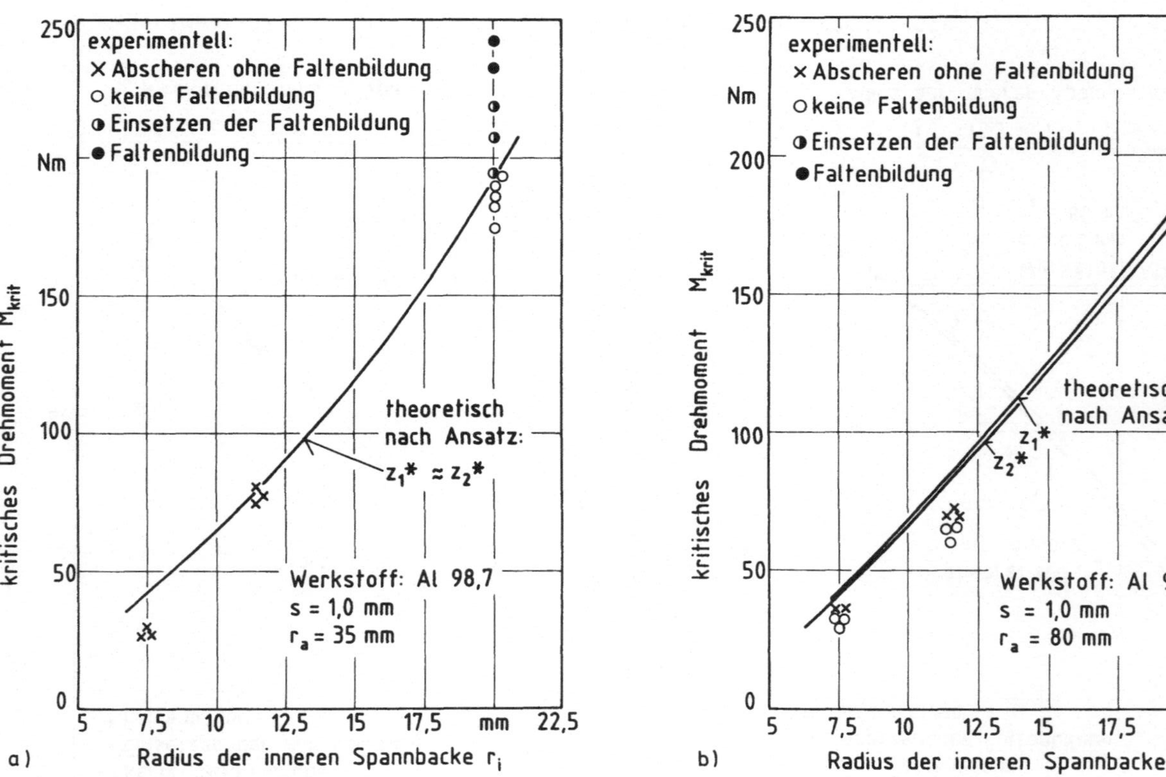

Bild 68: Experimentell und theoretisch ermittelte kritische Drehmomente.

Versuch, wo auch bei großen Drehmomenten gelegentlich ein Ansatz zum Ausbeulen sichtbar wurde.

Für den Außenradius r_a = 80 mm konnte diese Erscheinung nicht festgestellt werden. Hierbei muß nochmals angemerkt werden, daß das Abscheren von der Spannbackenoberfläche abhängt und somit keinen eindeutigen Schluß auf das Formänderungsvermögen zuläßt. Dies kann mit früheren Versuchen belegt werden, bei denen flachgeschliffene Spannbackenoberflächen eingesetzt wurden. Hier traten auch für r_i = 11,5 mm, r_a = 80 mm Falten auf /83/. Allerdings war die damalige Messung des Drehmomentes durch ein Hebelarm-Kraftmeßkörpersystem fehlerbehaftet. Die beiden Ansatztypen führten auch für r_a = 80 mm zu nur unwesentlich unterschiedlichen Ergebnissen.

Ähnlich wie bei Al 98,7 w konnte auch für **St 1403** bei der Blechdicke s = 0,5 mm für alle Parameterkombinationen Faltenbildung festgestellt werden (Bilder 69a und 69b). Die Übereinstimmung von Rechnung und Experiment war wiederum gut. Während die beiden Ansatztypen im Falle des kleinen Außenradius zu annähernd übereinstimmenden Ergebnissen führten, konnte für r_a = 80 mm bei Verwendung des Reihenansatzes eine deutliche Verbesserung der Näherungswerte für das kritische Drehmoment erzielt werden. Beim Innenradius r_i = 20 mm wird sogar deutlich, daß die Rechnung zu Ergebnissen führt, die geringfügig unter den experimentell ermittelten liegen. Dies ist möglicherweise auf die nur näherungsweise Beschreibung des Werkstoffverhaltens zurückzuführen, da das Ausknicken für große Innenradien bei kleinen Umformgraden erfolgt. Eine andere Grund könnte in der erwähnten Aufdickung liegen.

Die Blechdicke s = 1 mm (Bilder 70a und 70b) konnte aus meßtechnischen Gründen nur für die beiden kleinen Innenradien geprüft werden. Hier traten beim Außenradius r_a = 35 mm für beide Fälle Abscherungen auf; für r_a = 80 mm hingegen wurde ein leichtes Ausbeulen bei r_i = 11,5 mm festgestellt. Die beiden Ansatzfunktionen führten zu übereinstimmenden Ergebnissen.

Die für den Werkstoff **CuZn 36** experimentell ermittelten kritischen Drehmomente zeigten wie für die bereits beschriebenen Werkstoffe eine gute Übereinstimmung mit den Rechenergebnissen.

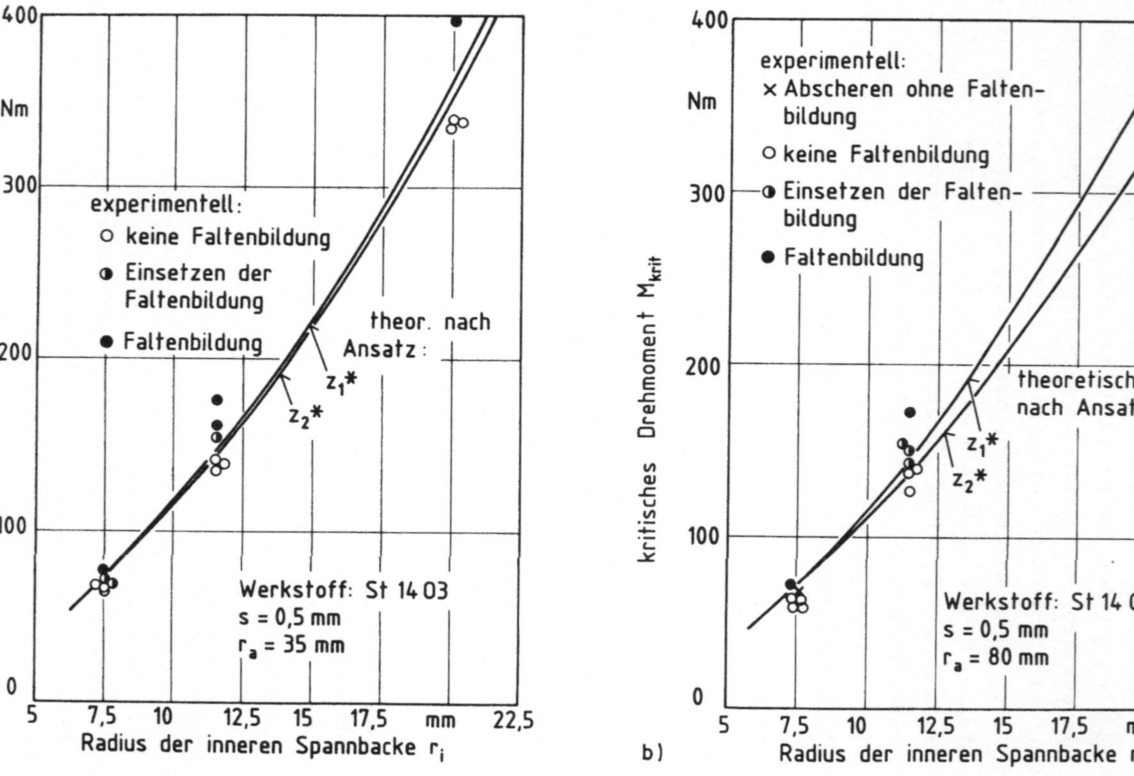

Bild 69: Experimentell und theoretisch ermittelte kritische Drehmomente.

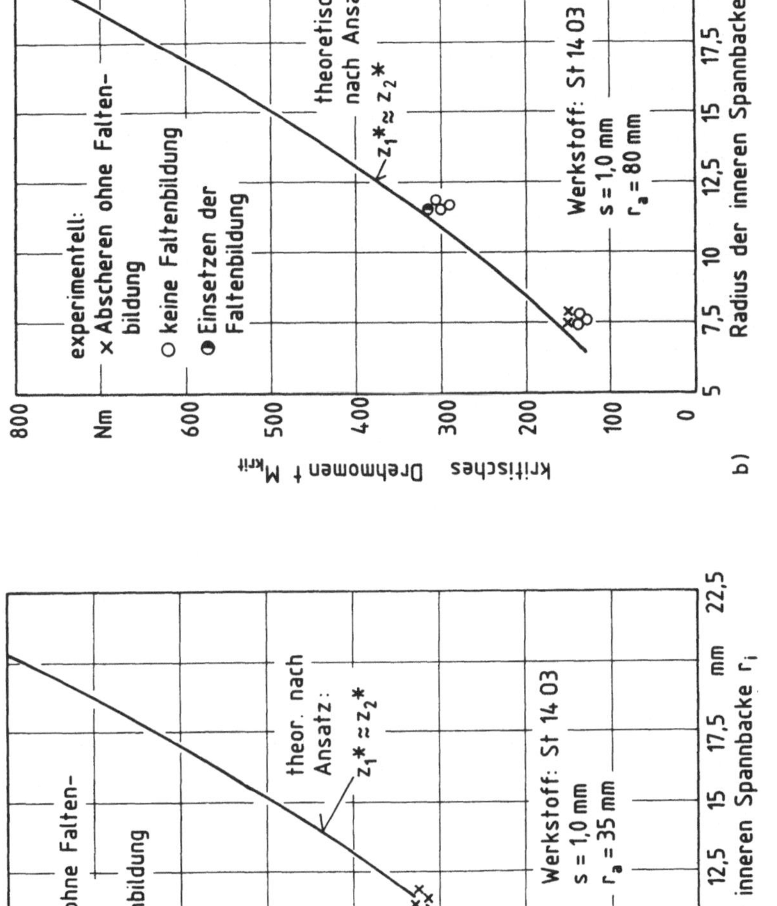

Bild 70: Experimentell und theoretisch ermittelte kritische Drehmomente.

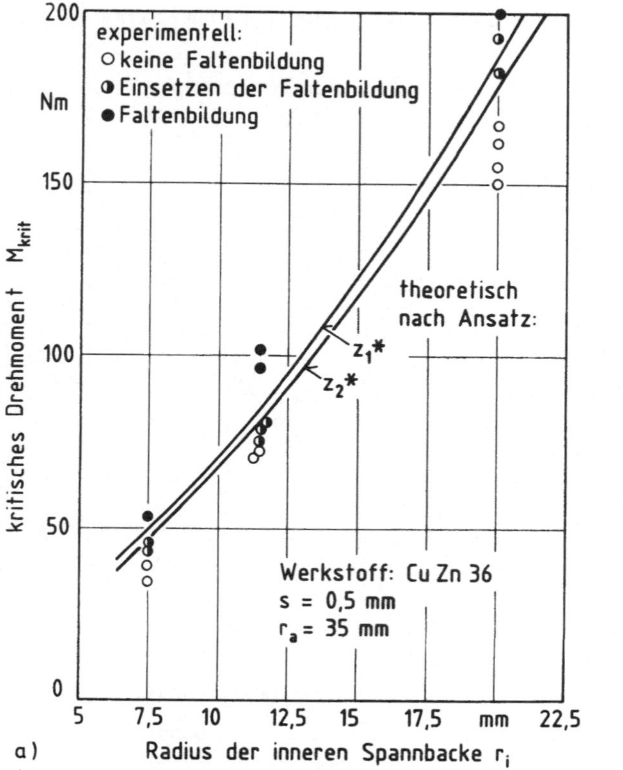

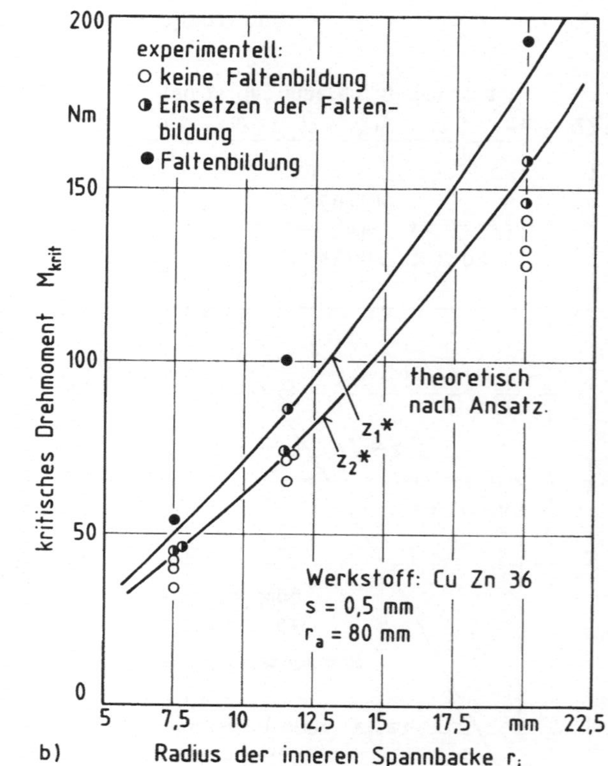

Bild 71: Experimentell und theoretisch ermittelte kritische Drehmomente.

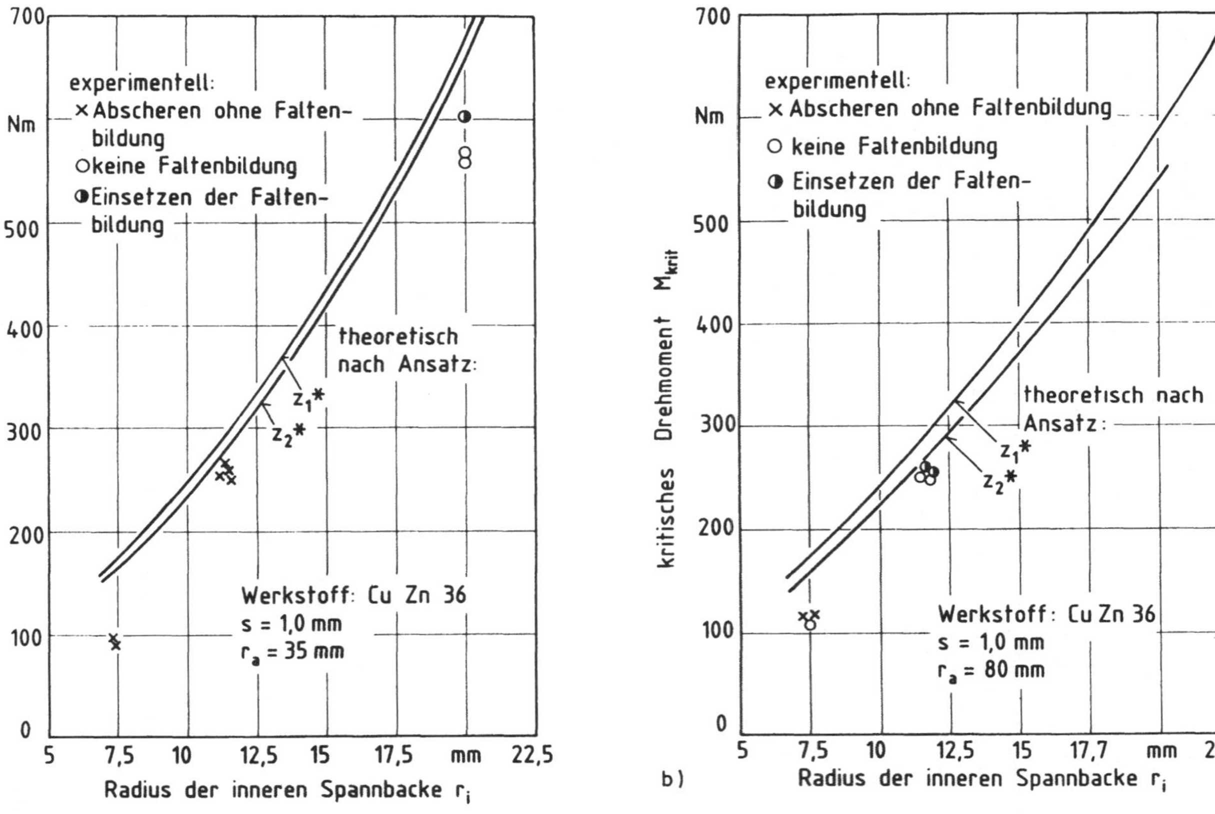

Bild 72: Experimentell und theoretisch ermittelte kritische Drehmomente.

Wiederum traten Falten in allen Fällen bei der Blechdicke s = 0,5 mm auf (Bilder 71a und 71b).

Der Reihenansatz führte bei diesem Werkstoff zu deutlich besseren Näherungen. Für den Außenradius r_a = 80 mm wurde dies wieder am deutlichsten. Zur Berechnung des kritischen Drehmomentes mit dem von Al 98,7 w und St 1403 verschiedenen Verfestigungsverhalten des Messingwerkstoffes scheint der erste Ansatz nicht ausreichend flexibel zu sein.

Für die Blechdicke s = 1 mm (Bilder 72a und 72b) ergab sich ein ähnliches Bild wie für Al 98,7 w und St 1403. Abscheren trat für r_i = 7,5 mm und 11,5 mm, dagegen Faltenbildung für r_i = 20 mm auf. Bei den Messingblechen wiesen jedoch für r_a = 80 mm auch die Versuche mit r_i = 11,5 mm Falten auf. In diesem Fall wurde eine weit weniger deutliche Abweichung zwischen den Ergebnissen der unterschiedlichen Ansatzfunktionen beobachtet. Beide Ansätze liegen sehr dicht bei den Meßergebnissen.

Abschließend sei bemerkt, daß trotz der eingangs angesprochenen Abweichungen von idealen Einspannbedingungen eine erstaunlich gute Übereinstimmung zwischen Rechnung und Experiment erzielt wurde.

7.3.3.3 Faltenform

Während sich im elastischen Fall die maximale Auslenkung der Falte aufgrund der konstanten Plattensteifigkeit und der damit verbundenen starken Wirkung der Randbedingungen etwa in der Mitte zwischen r_i und r_a ausbildet, ist dies bei teilplastischem Verhalten nicht der Fall. Der plastische Bereich verfügt grundsätzlich über eine kleinere Steifigkeit, weshalb sich die Falte unter Wirkung der maximalen Spannungen möglichst in Innenrandnähe auszubilden versucht. Dort liegt auch die größte Auslenkung.

In Abhängigkeit von der Steifigkeit des elastischen Restbereiches wird dieser an der Faltenauslenkung beteiligt. Er wirkt anschaulich als verlängerte Einspannung. Dies ist vor allem bei Stahlblech zu beobachten, wo sich die Falten aufgrund des hohen

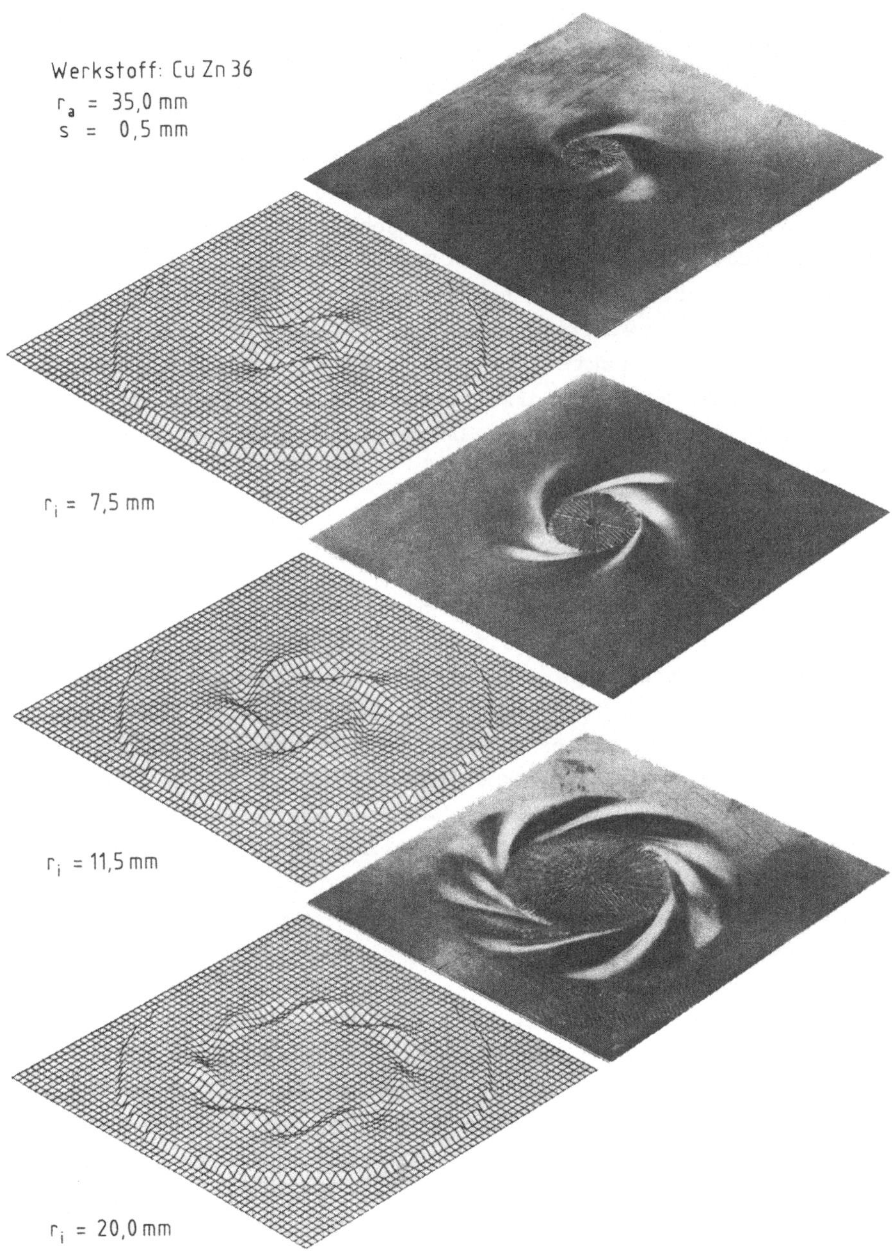

Bild 73: Experimentell und theoretisch ermittelte Beulfläche.

E-Moduls im wesentlichen auf den plastischen Ringbereich beschränken. Im Gegensatz dazu bildet sich die Falte bei Al 98,7 w auffällig über den gesamten freien Bereich aus.

Die Bildfolge 73a-c zeigt exemplarisch für den Werkstoff CuZn 36 die mit der trigonometrischen Reihenfunktion z_2^* errechneten Eigenformen, die für kleinsten Eigenwert bestimmt wurden. Diesen Formen wurden ausgebeulte Proben gegenübergestellt, die deutlich über den Punkt "Einsetzen der Faltenbildung" hinweg verdreht wurden, um eine anschauliche Ausbildung der Falten zu gewährleisten. Diese Gegenüberstellung kann nur qualitativen Charakter haben. Wie bereits bemerkt, gilt die Rechentheorie nur für infinitesimale Auslenkungen, das "Postbuckling" war ferner für die betrachtete Problematik nicht von Interesse.

7.3.3.4 Faltenanzahl

Obwohl weder die Form noch die Anzahl der Falten für die Untersuchung im Hinblick auf die Faltenbildung wesentlich sind, wurden diese Ergebnisse, die sich im Laufe der Rechnung automatisch ergeben, mit in die Darstellung aufgenommen. Sie vermitteln einen anschaulichen Einblick in die Güte der Ergebnisse. Während mit dem starren Verschiebungsansatz z_1^* sehr gute Näherungen für das kritische Drehmoment erreicht wurden (siehe Abschn. 7.3.3.2), stimmte die Faltenanzahl oft nicht mit den experimentellen Beobachtungen überein. Dies läßt den Schluß zu, daß das Energiekriterium bei Einsatz der korrekten Randbedingung recht unempfindlich gegenüber der Wahl der Ansatzfunktion zu sein scheint, d.h. die kritische Größe nur wenig auf eine Änderung reagiert.

Dagegen ergab der Reihenansatz z_2^* auch im Hinblick auf die Faltenanzahl sehr gute Werte, die in den meisten Fällen bis auf eine Falte mit den Versuchsergebnissen übereinstimmten. Die Berechnungen machten deutlich, daß meist mehrere Ansätze mit verschiedenen Faltenzahlen energetisch dicht beieinander lagen, so daß im Experiment sicherlich kleine Störungen ausreichen, um die Faltenzahl zu beeinflussen.

Die Ergebnisse für Al 98,7 w sind in Bild 74 dargestellt.

Zwischen den einzelnen Werkstoffen traten nur geringe Unterschiede (höchstens 1 Falte) auf (s. Anhang 3 Tab. A3/2); dennoch ist im wesentlichen die Versuchsgeometrie für die Anzahl
der Falten verantwortlich. Im Vergleich der experimentellen
Ergebnisse mit den Berechnungen konnte eine Streuung von
einer Falte festgestellt werden. Die durchgezogene Linie (Bild
74) wurde unter der Annahme rein elastischen Verhaltens errechnet und führte auf die gleichen Ergebnisse.

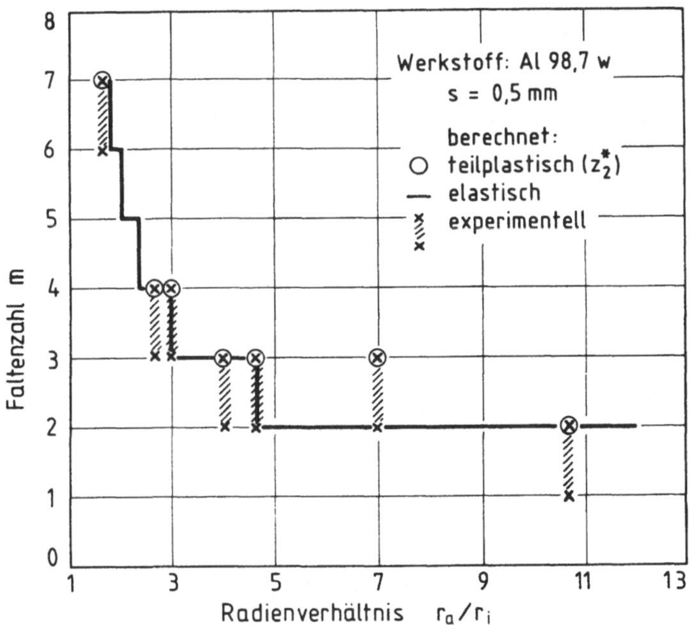

Bild 74: Theoretisch und experimentell ermittelte Anzahl der
Falten.

7.3.4 **Wirkung der Faltenbildung auf das Ergebnis bei der Fließkurvenbestimmung**

Zur Überprüfung des Einflusses der Faltenbildung auf die aus
dem Versuch resultierende Fließkurve wurden mehrere Proben
bewußt über den kritischen Punkt hinaus verdreht und ausgewertet.

Da bei der M(ϑ)-Auswertung durch das Ausbeulen des Bleches die
Meßspitzen zum Teil von der Blechoberfläche abheben, mußte mit
einer zusätzlichen Verfälschung des Ergebnisses gerechnet werden. Die Spiralenmethode ließ sich grundsätzlich bedenkenlos
anwenden, da bei Auflage des Bleches am eingespannten Rand
immer senkrecht zur ursprünglichen Blechebene gemessen werden
kann. Bei starken Auslenkungen des Bleches aus dieser Ebene war
allerdings zu beobachten, daß sich gegenüberliegende Spiralen-
äste je nach Lage zu einem Faltenberg bzw. -tal stark unterschiedlich verzerrten. Für diesen Fall erscheint die Auswertung
nach den in Abschn. 5.1 beschriebenen Überlegungen nicht sinnvoll. Die Untersuchungen zeigten, daß Faltenhöhen, die die
Größenordnung der Blechdicke nicht übersteigen, problemlos
auszuwerten sind.

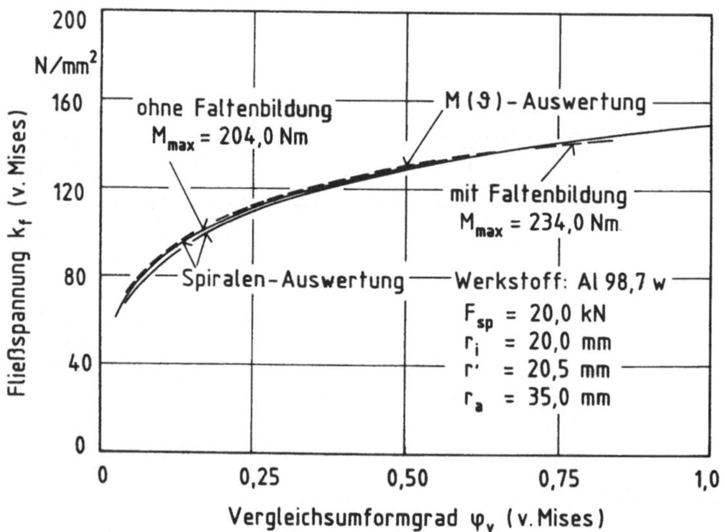

Bild 75: Fließkurve für Al 98,7 w.

Wie aus Bild 75 für Al 98,7 w (r_i = 20 mm) hervorgeht, sind
unter dieser Voraussetzung auch sinnvolle Fließkurven zu erzielen. Tendenziell wurde mit zunehmender Verdrehung ein flacherer
Verlauf festgestellt. Durch die feste Einspannung der Platine

an beiden Berandungen wirkt sich das Überschreiten des kritischen Punktes bei kleinem Belastungsanstieg weit weniger in
einer starken Zunahme der Verformung aus als zum Beispiel beim
einfachen Knickstab. Nach erfolgtem Ausknicken der Probe müssen
mehrfach gekrümmte Flächen weiter verformt werden, so daß der
weiteren Verdrehung trotz des Ausweichens aus der Ebene erheblicher Widerstand entgegenwirkt.
Bei dem in Bild 75 dargestellten Beispiel lag die Faltenhöhe
bei ca. 0,8 mm. Die Auswertung eines Vergleichsversuches, der
abgebrochen wurde, bevor die Faltenbildung einsetzte, führte
auf eine Fließkurve, die mit einem maximalen Vergleichsumformgrad von $\varphi_V = 0,6$ nahezu deckungsgleich verlief (Bild 75).
Ein Vergleich mit Fließkurven, die mit $r_i = 11,5$ mm ohne das
Auftreten von Falten aufgenommen wurden, zeigte ebenfalls nur
unwesentliche Abweichungen. Überraschenderweise lieferten die
$M(\vartheta)$-Auswertung und die Spiralenauswertung für den dargestellten Fall gut übereinstimmende Ergebnisse. Die in Abschn. 6.3
festgestellte Tendenz eines etwas steileren Anstiegs der $M(\vartheta)$-
Auswertung im Bereich kleiner Vergleichsumformgrade verstärkte
sich geringfügig.
Für Bleche mit 0,5 mm Dicke und Auslenkungen von 2-3 mm wurden
deutlich flachere Kurven ermittelt.

7.3.5   Folgerungen

Soll ein Blech im ebenen Torsionsversuch geprüft werden, so
sind meist alle Parameter, die die Steifigkeit des Systems
beeinflussen können, vorgegeben (z.B. E-Modul, Blechdicke). Der
Versuch kann somit lediglich durch die Wahl der Geometrieparameter (Innen- und Außenspannbackenradius) beeinflußt werden. Es
zeigte sich als wichtigstes Ergebnis, daß für praxisrelevante
Fälle die Verkleinerung des Innenradius die Neigung zur Faltenbildung (bewertet für den Torsionsversuch) vermindert. Dies
wurde in allen Fällen durch die experimentellen Beobachtungen
bestätigt.
Die Berechnung der kritischen Belastung erfordert einen großen
Aufwand, so daß sie sicherlich als Mittel in der Praxis nicht
denkbar ist. Ferner werden in der Rechnung bereits Daten für

das Werkstoffverhalten benötigt. Der einfachste Weg besteht
darin, eine Probe zu verdrehen und experimentell festzustellen,
in welchem Stadium sich Falten bilden. Prinzipiell ist dabei
ein möglichst kleiner Innenradius einzusetzen, wobei die Meßunsicherheit jedoch nach unten hin Grenzen setzt.
In der beschriebenen Betrachtung sollte die Anwendungsgrenze
Faltenbildung grundsätzlich untersucht und die Wirkung einzelner Parameteränderungen aufgezeigt werden. Hieraus können qualitativ die genannten Richtlinien abgeleitet werden.
Die Anwendungsgrenze "Faltenbildung" ist, entsprechend den
Bemerkungen in Abschn. 7.2 bzgl. der Drehmomentübertragung,
gegenüber /28, 29, 30/ neu zu formulieren. Aus den Untersuchungsergebnissen folgt als wesentliche Fragestellung, bei
welcher Verformung mit einem Ausbeulen zu rechnen ist, da bis
zu diesem Punkt ausgewertet werden kann. Zusätzlich wurde festgestellt, daß der Versuch mit Einsetzen der Faltenbildung nicht
schlagartig unbrauchbar wird, sondern bis zu einem gewissen
Grad weiterhin brauchbare Ergebnisse liefert.
Für keines der untersuchten Versuchsbleche mit der Standard-
dicke s = 1 mm trat bei der Fließkurvenaufnahme unter Standard-
bedingungen (r_i = 11,5 mm, r_a = 35 mm) Faltenbildung auf.

 PRAXISTAUGLICHKEIT UND HINWEISE ZUM PRAKTISCHEN EINSATZ DES EBENEN TORSIONSVERSUCHES

8.1 HINWEISE ZUR OPTIMALEN VERSUCHSFÜHRUNG

Im Hinblick auf die Einflüsse verschiedener Verfahrensparameter auf das Meßergebnis sollte bei vergleichenden Versuchen auf gleichbleibende Versuchsbedingungen geachtet werden. Dies gilt für den Vergleich von Werkstoffen mit ähnlichen Festigkeitseigenschaften. Eine Abstimmung z.B. der Einspannkraft auf die Fließspannung des Werkstoffes muß bei stark unterschiedlichen Werkstoffen mit berücksichtigt werden.

Hinweise zur praktischen Versuchsführung können deshalb nur qualitativ sein, da die Zahlenwerte für die meisten Parameter entsprechend dem zu prüfenden Werkstoff gewählt werden müssen. Da mehrere vom plastischen Verhalten her unterschiedliche Werkstoffe untersucht wurden, können jedoch die verwendeten Parameterkombinationen (Kap. 6) als Orientierungswerte herangezogen werden.

Grundsätzlich ist der Versuch mit der kleinstmöglichen Einspannkraft durchzuführen, um eine größere Störung des Spannungs- und Formänderungszustandes zu vermeiden. Während bei sehr kleinen Einspannkräften starke Abschererscheinungen unter der Inneneinspannung und damit verbundene Unregelmäßigkeiten im Meßkurvenverlauf den Versuch beeinträchtigen und auf relativ kleine Formänderungen beschränken, kann bei erhöhter Einspannkraft ein kerbinduziertes vorzeitiges Abscheren am Innenrand den Versuch beenden.

Gute Ergebnisse zeigten sich durch Einprägen der Spannbacken vor dem eigentlichen Torsionsversuch und anschließende Versuchsführung bei abgesenkter Einspannkraft.

Im Hinblick auf die Meßsicherheit sollten in den gegebenen Grenzen (M_{max}, $F_{sp\ max}$) möglichst große Innenspannbacken gewählt werden, was die Auflösung der Messung sowohl im Falle der Spiralen- als auch der $M(\vartheta)$-Auswertung verbessert. Bezüglich der Relativbewegung zwischen Blech- und Einspannung bringt dies vermutlich keine Vorteile, jedoch wird die Prüfung von Werkstoffen mit geringer Verfestigung dadurch u.U. erst ermöglicht.

Für die meisten Werkstoffe dürfte nach den vorliegenden Erfahrungen der Bereich zwischen r_i = 10 mm und 20 mm ausreichend sein.

Gegenteilige Wirkung hat die Vergrößerung des Innenradius im Bereich praxisrelevanter Radienverhältnisse auf die für den ebenen Torsionsversuch bewertete Faltenneigung, da diese verstärkt wird. Die Ansprüche an die Meßsicherheit und die Problematik der Faltenbildung müssen somit aufeinander abgestimmt werden. Hier sollte entschieden werden, bis zu welcher Verformung die Fließkurve von Interesse ist, so daß mit diesem Randwert ein möglichst großer Innenspannbackenradius gewählt werden kann. Wie die experimentellen Erfahrungen zeigen, können gewisse Verwölbungen und ein Ausknicken im Anfangsstadium in Kauf genommen werden, ohne daß Verfälschungen in der Fließkurve auftreten. Grundsätzlich werden Werkstoffe mit großen n-Werten schneller ausknicken, wodurch die Innenradien kleiner gewählt werden müssen. Für große n-Werte ergibt sich jedoch von Natur aus eine höhere Auflösung, so daß dies bezüglich der Meßsicherheit keine nachteiligen Auswirkungen hat.

8.2   ANWENDUNGSMÖGLICHKEITEN IN DER PRAXIS

Der ebene Torsionsversuch bietet bei der beschriebenen rechnerunterstützten Versuchsführung die Möglichkeit, Feinbleche mit geringem Aufwand bis zu deutlich höheren Umformgraden zu prüfen, als dies im Flachzugversuch möglich ist (vgl. auch "abschließende Bemerkungen" zu den Auswertemethoden, Abschn. 6.1.5 und 6.2.5). Mit dem Versuch, der nahezu keine Probenvorbereitung erfordert, wird wie in keinem anderen ein praxisnaher Zug-Druck-Hauptspannungszustand simuliert, wie er in ähnlicher Weise im Flansch eines Tiefziehteils auftritt.
Aufgrund des Einflusses der Einspannkraft ist die Fließspannung mit einer gewissen Unsicherheit behaftet, die in der Regel nicht genau zu bestimmen ist. Wie jedoch an Al 98,7 w gezeigt wurde, ändert sich der relative Verlauf der Fließkurve hierdurch nur wenig. Im günstigsten Fall einer niedrigen Einspannkraft lagen auch die absoluten Änderungen der Fließspannungen nur bei ca. 3 %, was näherungsweise auch für die anderen Werk-

stoffe angesetzt werden kann.

Der mögliche Einsatz der Fließkurve für plastizitätstheoretische Berechnungen müßte überprüft werden, da zum gegenwärtigen Zeitpunkt eine sichere Korrektur für den Einfluß der Einspannkraft nicht möglich ist. Allerdings ist auch mit der Kenntnis des relativen Verlaufes der Fließspannung bis zu hohen Umformgraden bei grob abschätzbaren Unsicherheiten gegenüber konventionellen Prüfmethoden schon einiges gewonnen.

Da für konstante Parameterkombinationen äußerst gute Reproduzierbarkeit nachgewiesen werden konnte, dürfte das Prüfverfahren besonders für den Blechhalbzeughersteller interessant sein.

Der nachteilige Einfluß der Einspannbedingungen hat bei der rein vergleichenden Bewertung keine Auswirkungen.

Die Empfindlichkeit des Verfahrens gegenüber chargenbezogenen Schwankungen müßte, nachdem bisher nur exemplarische Untersuchungen in dieser Richtung unternommen wurden, noch ausführlicher nachgewiesen werden. Es ergäbe sich dann die Möglichkeit, das Verhalten einzelner Bleche bis zu wesentlich höheren Umformgraden als im Zugversuch zu vergleichen.

8.3 MÖGLICHE WEITERENTWICKLUNG

8.3.1 Versuchsanlage

Bei den Versuchen zeigte sich, daß die mechanische Drehwinkelerfassung an der Blechoberfläche in der beschriebenen Ausführung (Abschn. 4.3.2) gewisse Nachteile aufweist. Sie sollte daher möglichst durch eine berührungslose, optische Meßeinrichtung ersetzt werden. Wird weiterhin ein mechanisches System verwendet, so müßte dieses eindeutig durch feinmechanische Gesichtspunkte geprägt, entsprechend genau, leichtgängig und variabel bezüglich Anpreßkraft und Abtastradius ausgelegt werden. Unabhängig von der Ausführung sollte die Drehwinkelerfassung so dicht wie möglich an der Inneneinspannung erfolgen, um den ausgesparten Bereich größter plastischer Formänderungen und damit die festgestellte Beschränkung des Wertebereiches bei der $M(\vartheta)$-Auswertung klein zu halten.

Zur Erhöhung der Flexibilität sowie zur besseren Ausnutzung der

Anlage wären Drehmomentmeßscheiben mit größerem Meßbereich einzusetzen. Durch die Umkonstruktion in bereits vorgegebene Bauräume war bei der verwendeten Versuchsanlage ein Standardeinbau der Meßscheiben nicht möglich. Dies sollte bei der Auslegung einer neuen Prüfmaschine unbedingt beachtet werden, da die beschriebene Ausführung (Abschn. 4.3.1) beim Wechsel der Spannbacken aufwendige Umbau- und Kalibrierarbeiten erfordert. Die Drehmomentmeßscheiben sollten möglichst mit Standardvorspannung verschraubt in einer Aufbaueinheit in der Anlage verbleiben, während die Spannelemente lediglich über eine Nut und einen Zentrierzapfen einfach eingelegt werden.
Die Versuchsauswertung wird derzeit durch Zwischenspeichervorgänge und zeitintensives Ausdrucken von Diagrammen geprägt. Durch Einsatz eines moderneren Rechners und Plotters könnte bei zusätzlicher Steuerung des Meß- und Auswertevorganges über die Meßgröße Drehmoment der Prüfvorgang erheblich verkürzt werden.

8.3.2   Versuchsführung

Die experimentellen Erfahrungen zeigten, daß mit Hilfe der Versuchsgeomtrie sowohl werkstoffliche Einschränkungen als auch solche bezüglich der auftretenden Instabilität (Faltenbildung) ausgeglichen werden können. Mit einer nach den im vorhergehenden Abschnitt genannten Kriterien flexibel ausgelegten Versuchs- und Meßeinrichtung kann eine verfeinerte Optimierung bzw. Abstimmung der Versuchsgeometrie erfolgen. Diese Optimierung wird jedoch ihre Grenzen bei sehr kleinen n-Werten und Blechdicken haben, da in diesem Fall die gegenseitige Beeinflussung der Faltenbildung und der Meßsicherheit keine sinnvollen Versuchsverhältnisse mehr zuläßt.

Würde, wie in exemplarischen Untersuchungen gezeigt, mit geklebten Spannbacken gearbeitet, so könnte die Beeinflussung der Ergebnisse durch die Einspannkraft, allerdings mit gewissem Mehraufwand, ausgeschaltet werden. Eine Eignung dieser Vorgehensweise für Bleche höherer Festigkeiten müßte, gekoppelt mit einer für diesen Fall optimierten Versuchsgeometrie, zunächst näher untersucht werden.

Durch Verwendung einer streifenförmigen Probe wäre bei geeigneter Wahl der Versuchsgeometrie ein näherungsweise linearer
Scherversuch zu realisieren. Hierdurch würde der Formänderungsgradient stark abgeschwächt und das zur Verdrehung notwendige
Drehmoment reduziert. Allerdings treten Probleme durch die
freie Berandung auf, die in einer Beeinflussung der Verformung
und einer verstärkten Neigung zum Ausknicken zum Ausdruck
kämen. Hierdurch würden möglicherweise die genannten Vorteile
wertlos.

Die Kenntnis der Fließkurve bildet eine wichtige Grundlage für die Beurteilung des plastischen Verhaltens von Blechwerkstoffen sowie für plastizitätstheoretische Berechnungen. Diese dienen der Analyse von Umformvorgängen, der Auslegung von Werkzeugen oder der Auswahl von Umformmaschinen.

Mit zunehmender Bedeutung numerischer Näherungsverfahren zur Simulation von Umformvorgängen wächst das Interesse an verläßlichen Fließkurvendaten, die im Rahmen solcher Berechnungen das Werkstoffverhalten charakterisieren. Zur Sicherstellung guter Näherungsergebnisse muß daher die Fließkurve das plastische Verhalten in den relevanten Formänderungsbereichen möglichst genau beschreiben.

Für die Ermittlung der Fließkurven von Feinblechen sind die bisher üblichen Prüfverfahren nur bedingt geeignet, da sie Forderungen nach praxisnahem Beanspruchungszustand, praxisrelevanten Umformgraden und wirtschaftlich vertretbarem Prüfaufwand nur teilweise oder unzureichend erfüllen. Aus diesem Grund wurde die Anwendbarkeit des ebenen Torsionsversuchs als ergänzendes Standardprüfverfahren systematisch untersucht.

Auf der Basis von Erfahrungen aus Vorversuchen mit einem einfachen Versuchs- und Meßaufbau wurde eine weitgehend optimierte Prüfeinrichtung konzipiert und gebaut, die eine befriedigende Versuchsdurchführung gestattete.

Ausgangspunkt der Untersuchungen war eine Analyse und Überprüfung der Auswertetheorie für zwei grundsätzlich unterschiedliche Methoden der Versuchsführung.

Da die mathematische Verknüpfung zwischen der Meßgröße "Verdrehwinkel" und der gesuchten Schiebung im Gegensatz zur linearen Beziehung zwischen Drehmoment und Schubspannung differentiellen Charakter besitzt, ist die Auswertung der Meßdaten nicht trivial. Zur Berechnung der Schiebung wurden verschiedene Verfahrensweisen in Rechenprogrammen realisiert sowie an theoretischen und experimentellen Beispielen getestet.

Während die sog. Spiralenauswertemethode in der ausgeführten Form einen großen Meß- und Auswerteaufwand erfordert, kann bei

kontinuierlicher Drehmoment-Verdrehwinkelmessung der Versuch
weitgehend automatisiert werden, und die Meßdatenerfassung und
-verarbeitung direkt über einen Rechner erfolgen.
Experimentelle Untersuchungen zeigten, daß der zur Versuchsauswertung vorausgesetzte ebene Spannungs- und Formänderungszustand nur näherungsweise gültig ist. Dies scheint im wesentlichen auf die Störung durch die zum Spannen des Bleches notwendige Einspannkraft zurückzuführen zu sein. Der Versuchsparameter "Einspannkraft" zeigte demnach auch den größten Einfluß
auf das Versuchergebnis, so daß die Absolutwerte der ermittelten Fließspannungen mit gewissen Unsicherheiten behaftet sind.
Diese Unsicherheiten lassen sich jedoch einigermaßen abschätzen
und beeinflussen - wie sich zeigte - den relativen Verlauf der
Fließkurve nur wenig.
Grundsätzlich sollte mit einer möglichst kleinen Einspannkraft
gearbeitet werden, um die angesprochenen Störungen klein zu
halten. Allerdings ergibt sich dann das Problem eines vorzeiti-
gen Abrutschens der Platine in der Einspannung. Im Hinblick auf
diese Problematik erwies es sich als vorteilhaft, die Versuchsprobe zunächst mit erhöhter Einspannkraft vorzuspannen und den
eigentlichen Versuch bei abgesenkter Kraft durchzuführen. Durch
diese Vorgehensweise konnten die Unsicherheiten auf 2-3 % beschränkt und zugleich ausreichend hohe Umformgrade erzielt
werden.
Für alle übrigen Parameter wurden im untersuchten Bereich nur
unwesentliche Einflüsse festgestellt.
Der Vergleich der Ergebnisse mit denen des Flachzugversuches
zeigte einen tendenziell flacheren Verlauf der im ebenen Torsionsversuch gewonnenen Fließkurven auf.

Die Anwendungsgrenzen des ebenen Torsionsversuches werden sowohl durch Werkstoff- als auch durch Geometrieparameter bestimmt. Zum einen besteht die Problematik - wie bereits angedeutet - in der Sicherstellung der Drehmomentübertragung, die
mit zunehmender Blechdicke und Fließspannung sowie abnehmender
Einspannkraft schwieriger wird. Durch geeignete Wahl der Versuchsgeometrie und die oben beschriebene Versuchsführung (Vor-
spannen der Platine und anschließende Verdrehung bei abgesenk-

ter Einspannkraft) konnten in den meisten untersuchten Fällen
befriedigende Ergebnisse erzielt werden.

Während zu große Blechdicken die Drehmomentübertragung erschwe-
ren, besteht bei der Prüfung kleiner Blechdicken die Gefahr des
Ausbeulens der Versuchsprobe, wodurch theoretische Voraussetzungen der Versuchsauswertung verletzt werden. Im Hinblick
auf die Anwendungsgrenze "Faltenbildung", die experimentell und
theoretisch untersucht wurde, zeigte sich, daß die Faltenneigung durch entsprechende Abstimmung der Versuchsgeometrie vermindert werden kann. Eine Optimierung ermöglicht das Erreichen
größerer Umformgrade, bevor mit dem Auftreten von Falten zu
rechnen ist.

Insgesamt lassen sich die Vorteile des ebenen Torsionsversuches
wie folgt zusammenfassen: Die Prüfmethode erfordert nahezu
keine Probenvorbereitung und ermöglicht in der realisierten
rechnerunterstützten Ausführung eine schnelle Versuchsdurchführung und -auswertung. Das zu prüfende Blech wird in unbearbei-
teter flächiger Form unter einem in der Blechebene wirksamen
Zug-Druck-Hauptspannungszustand verformt, der dem im Flansch
eines Tiefziehteils sehr nahe kommt.
Für alle geprüften Werkstoffe (St 1403, X5 CrNi 18 9, CuZn 30,
Al 98,7 w, AlMg 2,5, AlMg 5) wurden im ebenen Torsionsversuch
bei entsprechend abgestimmter Versuchsführung erheblich höhere
Vergleichsumformgrade ($\varphi_{vmax} \geq 0,8$) erzielt als im Flachzugversuch. Im Gegensatz zum Flachzugversuch ist die Auflösung des
plastischen Verhaltens in definierte Richtungen der Blechebene
nicht möglich. Andererseits wird durch die integrale Messung
eine "natürlich" gemittelte Fließkurve bestimmt, da stets alle
Richtungen an der Verformung beteiligt sind.
Bei der außerordentlich guten Reproduzierbarkeit, die für die
beiden erwähnten Auswertemethoden gleichermaßen nachgewiesen
werden konnte, kann die Prüfmethode als praxistaugliches Verfahren zur Fließkurvenaufnahme bewertet werden. Sie bietet gegenüber dem Flachzugversuch Vorteile in der Versuchsdurchführung und gibt ergänzende Informationen über das plastische
Verhalten von Feinblechen im Bereich hoher Umformgrade.

Literaturverzeichnis

/1/ Lange, K.: Lehrbuch der Umformtechnik, Band 1: Grundlagen. 2. Aufl. Berlin, Heidelberg, New York: Springer 1984.

/2/ Pöhlandt, K.: Werkstoffprüfung für die Umformtechnik. Berlin, Heidelberg, New York, London, Paris, Tokyo: Springer 1984.

/3/ Krause, U.: Vergleich verschiedener Verfahren zum Bestimmen der Formänderungsfestigkeit bei Raumtemperatur. Stahl/Eisen 83 (1983), S. 1626-1640.

/4/ Doege, E.; Meyer-Nolkemper, M.; Saeed, I.: Fließkurvenatlas metallischer Werkstoffe. München, Wien: Hanser, 1986.

/5/ Rao, K.P.: Flow Curves and Deformation of Materials at Different Temperatures and Strain Rates. J. Mech. Working Technol. 6 (1982), S. 63-88.

/6/ DIN 50114: Zugversuch ohne Feindehnungsmessung an Blechen, Bändern oder Streifen mit einer Dicke unter 3 mm. Dezember 1980.

/7/ Mäde, W.; Oswald, J.: Bedeutung der Fließkurve für dünne Bleche. Fertigungstechnik und Betrieb 16 (1966), S. 354-361.

/8/ Gilles, P. D.: Tensile Deformation of a Flat Sheet. Int. J. Mech. Sci. 21 (1979), S. 109-117.

/9/ Stahl-Eisen-Prüfblatt 1125: Ermittlung des Verfestigungsexponenten (n-Wert) von Feinblechen im Zugversuch. 1. Ausg., November 1984.

/10/ Küppers, W.; Schmidt, W.: Kenngrößen zur Kennzeichnung
     des Umformverhaltens verschiedener Qualitäten nichtrost-
     ender Feinbleche und Bänder. Thyssen Edelstahl tech.
     Ber. 11 (1985), S. 22-28.

/11/ Pysz, G.; Krummbacher, M.; Naether, G.: Beitrag zum
     Doppel-n-Verhalten von Kupfer-Zink-Legierungen. Neue
     Hütte 23 (1978), S. 136-140.

/12/ Pawelski, O.: Über das Stauchen von Hohlzylindern und
     seine Eignung zur Bestimmung der Formänderungsfestigkeit
     dünner Bleche. Arch. Eisenhüttenwesen 38 (1967), S. 437-
     442.

/13/ Story, J. M.: Formability Testing of Aluminum Sheet
     Materials. Aluminimum 62 (1986), S. 738-742 und 835-839.

/14/ Gologranc, F.: Aufnahme von Fließkurven im kontinuierli-
     chen hydraulischen Tiefungsversuch. Ind.-Anz. 99 (1977),
     S. 95-99.

/15/ Gologranc, F.: Beitrag zur Ermittlung von Fließkurven im
     kontinuierlichen Tiefungsversuch. Berichte aus dem
     Institut für Umformtechnik, Universität Stuttgart, Nr.
     31, Essen: Girardet 1975.

/16/ Tekkaya, A. E.; Pöhlandt, K.; Dannenmann, E.: Methoden
     zur Bestimmung der Fließkurven von Blechwerkstoffen; Ein
     Überblick. Blech Rohre Profile 29 (1982), S. 354-359 und
     414-417.

/17/ Welch, P.; Rathke, L.; Dahms, M.: Practical Considera-
     tions in Determining Material Parameters in the Tensile
     Test. Sheet Metal Industries (1985), S. 511-514.

/18/ Panknin, W.: Die Bestimmung der Fließkurve und der Deh-
     nungsfähigkeit von Blechen durch den hydraulischen Tie-
     fungsversuch, Ind.-Anz. 88 (1964), S. 915-918.

/19/ Miyauchi, K.: Stress-Strain Relationship in Simple Shear
of In-Plane Deformation for Various Steels. Proc. 13th
IDDRG Congr., Melbourne 1984, S. 360-371.

/20/ Miyauchi, K.:   Bauschinger Effect in Planar Shear
Deformation of Sheet Metals. Advanced Technology of
Plasticity, Japan 1984, Proc. 1st ICTP, S. 623-628.

/21/ Marciniak, Z.: Influence of the Sign Change of the Load
on the Strain Hardening Curve of a Copper Test Subject
to Torsion. Archiwum Mechaniki Stosowanej 13 (1961),
S. 743-751.

/22/ Marciniak, Z.; Kolodziejski, J.: Assessment of Sheet
Metal Failure Sensitivity by Method of Torsioning the
Rings. Proc. 7th Biennual Congr. IDDRG, Amsterdam 1972,
S. 61-64.

/23/ Marciniak, Z. et al.: Die Bestimmung einiger plastischer Eigenschaften von Blechen mit Hilfe der Torsions-
methode (poln). Obrobka Plastyczna 12 (1973), S. 61-65.

/24/ Kastner, P.; Misiolek, Z.: Die Bestimmung des
Rißbildungszeitpunktes im Labormaßstab an Blechen und
Bändern beim Walzen. Blech Rohre Profile 25 (1978),
S. 100-104.

/25/ Kastner, P.: Vorschlag für eine schnelle technologische
Methode zur Bestimmung von Fließkurven an Blechen und
Bändern, Blech Rohre Profile 26 (1979), S. 303-308.

/26/ Spur, G.; Stöferle, Th.: Handbuch der Fertigungstechnik
Band 2/3: Umformen, Zerteilen. München, Wien: Carl Hanser 1985.

/27/ Sowerby, R. et al.: On In-Plane Torsion of Sheet Metal.
J. Mech. Eng. Sci. 19 (1977), S. 213-220.

/28/ Tekkaya, A. E.; Pöhlandt, K.: Determining Stress-Strain Curves of Sheet Metal in the Torsion Test. Annals of the CIRP 31/1 (1982), S. 171-174.

/29/ Pöhlandt, K.; Tekkaya, A. E.: Aufnahme der Fließkurven dünner Bleche im ebenen Torsionsversuch. Arch. Eisenhüttenwesen 53 (1982), S. 421-426.

/30/ Pöhlandt, K.; Tekkaya, A. E.: Aufnahme der Fließkurven dünner Bleche im ebenen Torsionsversuch. Seminar neuere Entwicklungen in der Blechbearbeitung, Forschungsgesellschaft Umformtechnik, Stuttgart, 19.-20. Juni 1984.

/31/ Bauer, M.;Pöhlandt, K.: Fundamentals of the Plane Torsion Test for Determing Flow Curves of the Thin Sheet. Materialprüfung 28 (1986), S. 220-225.

/32/ Stüwe, H.-P.: Zur Messung von Fließkurven im Torsionsversuch, Z.f. Metallkunde 55 (1964), S. 699-703.

/33/ Weber, K. H.: Der Warmtorsionsversuch und seine Aussage als Maß für das Umformverhalten der Stähle bei höherer Temperatur. Freiberg 1978 (Dr.-Habil.-Schrift Bergakad. Freiberg).

/34/ Shrivastava, S. C. et al.: Equivalent Strain in Large Deformation Torsion Testing: Theoretical and Practical Considerations. J. Mech. Phys. Solids 30 (1982), S. 75-90.

/35/ Hsu, T. C.: The Characterics of Coaxial and Non-coaxial Strain Paths. J. Strain Analysis 1 (1966), S. 216-222.

/36/ Sowerby, R.; Chu, E.; Duncan, J. L.: Determination of Large Strains in Metalforming. J. Strain Analysis 17 (1982), S. 95-101.

/37/ Sowerby, R.; Chakravati, P. C.: The Determination of the Equivalent Strain in Finite, Homogenous Deformation Processes. J. Strain Analysis 18 (1983), S. 119-123.

/38/ Malvern, L. E.: Introduction to the Mechanics of a Continous Medium. Englewood Cliffs, New Jersey: Prentice-Hall 1982.

/39/ Hecker, F. W.: Beitrag zur Ermittlung von Fließkurven im Verdrehversuch. Arch. Eisenhüttenwesen 42 (1971), S. 813-818.

/40/ Bronstein, I. N.; Semendjajew, K. A.; Taschenbuch der Mathematik, 20.Auflage. Leipzig: BSB B.G. Teubner 1981.

/41/ Ismar, M.; Mahrenholz, O.: Technische Plastomechanik. Braunschweig: Friedr. Vieweg u. Sohn 1979.

/42/ Pöhlandt, K.; Tekkaya, A. E.: The Torsion Test-Plastic Deformation up to High Strains and High Strain Rates. Mater. Sci. Technol. 1 (1985), S. 972- 977.

/43/ Schedin, E.; Melander, A.: The Evaluation of Large Strains from Industrial Sheet Metal Stampings with a Square Grid. J. Applied Metalworking 4 (1986), S. 143-156.

/44/ Stahl-Eisen-Prüfblatt 1126: Ermittlung der senkrechten Anisotropie (r-Wert) von Feinblechen im Zugversuch. 1. Ausg., November 1984.

/45/ Schmidt, W.: Die senkrechte Anisotropie von Feinblechen, Blech Rohre Profile 25 (1978), S. 271-275.

/46/ Hill, R.: The Mathematical Theory of Plasticity. Oxford: Clarendon Press, 1985.

/47/ Mathiasson, K.: On the Co-Rotational Finite Element
     Formulation for Large Deformation Problems. Publication
     83:1, Department of Structural Mechanics, Chalmers
     Univ. of Technology, Göteburg 1983.

/48/ Bezier, P.: Procédé de Définition Numérique des Courbes
     et Surfaces non Mathematiques. Systeme UNISURF, Automa-
     tisme 13, 1968.

/49/ Bezier, P.: Numerical Control. John Wiley & Sons:
     London, New York 1967.

/50/ Reinsch, Chr. H.: Smoothing by Splinefunctions. Numeri-
     sche Mathematik 10 (1967), S. 177-183.

/51/ Wilhelm, H.: Untersuchungen über den Zusammenhang zwi-
     schen Vickershärte und Vergleichsformänderung bei Kalt-
     umformvorgängen. Berichte aus dem Institut für Umform-
     technik, Universität Stuttgart. Berlin, Heidelberg, New
     York, Tokyo: Springer.

/52/ Witzel, W.; Haeßner, F.: Zur Vergleichbarkeit von Werk-
     stoffzuständen nach Dehnen, Stauchen und Tordieren.
     Z. Metallkunde 78 (1987), S. 316-323.

/53/ Stüwe, H.-P.: Die Fließkurven vielkristalliner Metalle
     und ihre Anwendung in der Plastizitätsmechanik.
     Z. Metallkunde 56 (1965), S. 633-642.

/54/ Dean, W. R.: The Elastic Stability of an Annular Plate.
     Proc. Roy. Soc. London A 106 (1924), S. 268-284.

/55/ Federhofer, K.; Egger, H.: Knickung der auf Scherung
     beanspruchten Kreisplatte mit veränderlicher Dicke. Ing.
     Arch. 14 (1943), S. 155-166.

/56/ Meissner, E.: Über das Knicken kreisförmiger Scheiben.
     Schweiz. Bauzeitung 101 (1933), S. 87-89.

/57/ Reckling, K. A.: Die dünne Kreisplatte mit pulsierender
      Randbelastung in ihrer Mittelebene als Stabilitäts-
      problem. Ing. Arch. 21 (1953), S. 141-147.

/58/ Woinowski-Krieger, S.: Buckling Stability of Circular
      Plates with Circular Cylindrical Aeolotropy. Ing. Arch.
      26 (1958), S. 129-131.

/59/ Mansfield, E. H.: On the Buckling of an Annular Plate.
      Quart. Journ. Mech. and Applied Math. 13 (1960), S. 17-
      23.

/60/ Minkarah, I. A.; Hoppmann, W. H.: Flexural Vibrations of
      Cylindrically Aeolotropic Circular Plates. J. Acoust.
      Soc. Am. 36 (1964), S. 470-475.

/61/ Pandalai K. A. V.; Patel, S. A.: Natural Frequencies of
      Orthotropic Circular Plates. AIAA J. 3 (1965), S. 780-
      781.

/62/ Pandalai K. A. V.; Patel, S. A.: Buckling of Orthotropic
      Circular Plates. J. R. Aeorounaut. Soc. 69 (1965),
      S. 279-280.

/63/ Uthgenannt, E. B.; Brand, R. S.: Buckling of Orthotropic
      Annular Plates. AIAA J. 8 (1970), S. 2102-2104.

/64/ Hamada, M.; Harima, T.: In-Plane Torsional Buckling of
      an Annular Plate. Bulletin of JSME, 29 (1986), S. 1089-
      1095.

/65/ Ramaiah, G. K.; Vijayakumar K.: Natural Frequencies of
      Polar Orthotropic Annular Plates. J. Sound Vib. 26
      (1973), S. 517-531.

/66/ Swamidas, A. S. J.; Kanukkasseril, V. X.: Buckling of
      Orthotropic Circular Plates. AIAA J. 11 (1973), S. 1633-
      1636.

/67/ Kaplyevatsky, Y.: Generalization of Frobenius's Method
for Stability Analysis of Orthotropic Annular Plates.
Acta Mech. 22 (1975), S. 295-307.

/68/ Tani, J.; Nakamura, T.: Dynamic Stability of Annular
Plates under Pulsating Torsion. J. Appl. Mech. 47
(1980), S. 595-600.

/69/ Tani, J.: Dynamic Stability of Orthotropic Annular
Plates under Pulsating Torsion. J. Acoust. Soc. Am. 69
(1981), S. 1688-1694.

/70/ Durban, D.; Stavky, Y.: Elastic buckling of Polar
Orthotropic Annular Plates in Shear. Int J. Solids
Structures 18 (1982), S. 51-58.

/71/ Doki, M.; Tani, J.: Buckling of Polar Orthotropic
Annular Plates under Internal Radial Load and Torsion.
Int. J. Mech. Sci. 27 (1985), S. 429-437.

/72/ Timoshenko, S.; Woinowski-Krieger, S.: Theory of Plates
and Shells. 2nd Ed. New York: McGraw-Hill 1959.

/73/ Timoshenko, S.; Gere, J.: Theory of Elastic stability.
2nd Ed. New York: McGraw-Hill 1961.

/74/ Senior, B. W.: Flange Wrinkling in Deep-Drawing-Opera-
tions. J. Mech. and Phys. of Solids 4 (1956), S. 235-
246.

/75/ Alexander, J. M.: An appraisal of the Theory of Deep-
Drawing. Metallurgical Reviews 19 (1960), S. 349-411.

/76/ Yu, T. X.; Johnson, W.: The Buckling of Annular Plates
in Relation to the Deep-Drawing Process. Int. J. Mech.
Sci. 24 (1982), S. 175-188.

/77/ Meier, M.; Reissner, J.: Bildung und Verhinderung von Falten im Flansch eines Tiefziehteiles. VDI-Berichte Nr. 450 (1982), S. 173-179.

/78/ Meier, M.; Reissner, J.: Instability of the Annular Rings as Deep-Drawn Flange under Real Conditions. Annals of the CIRP Vol. 32/1 (1983), S. 187-190.

/79/ Holzner, M.: Kontinuumsmechanische Studien zum Kissentiefziehen. Dr.-Ing. Diss. TU München 1987.

/80/ Kaftanoglu, B.; Tekkaya, A. E.: Beitrag zur Ermittlung der Falten 1. Ordnung beim Tiefziehen. Seminar: Neuere Entwicklungen in der Blechbearbeitung (1984).

/81/ Yossifon, S.; Tirosh, J.; Kochani, E.: On Suppresion of Plastic Buckling in Hydroforming Process. Int. J. Mech. Sci. 26 (1984), S. 389-402.

/82/ Yossifon, S.; Tirosh, J.: Buckling Prevention by Lateral Fluid Presure in Deep-Drawing. Int. J. Mech. Sci. 27 (1985), S. 177-185.

/83/ Bauer, M.: Faltenbildung beim ebenen Torsionsversuch. Ing. Arch. 57 (1987), S. 39-50.

/84/ Lange, K.; Bauer, M.: Determining Flow Curves of Thin Sheet Metal by the Plane Torsion Test. NAMRC XV, North American Manufacturing Research Conference Proceedings, SME Technology Review 1987 Vol. 2, S. 346-352.

/85/ Geckeler, J. W.: Plastisches Knicken der Wandung von Hohlzylindern und einige andere Faltungserscheinungen an Schalen und Blechen. Z. Angew. Math. Mech. 8 (1928), S. 341-352.

/86/ Szabo, I.: Höhere Technische Mechanik. Berlin, Göttingen, Heidelberg: Springer 1964.

Anhang 1

Herleitung der Beziehung zwischen Verdrehwinkel und Schiebung für ein Werkstoffverhalten entsprechend der Ludwik-Hollomon-Beziehung:

$$\tau = D\,\gamma^n \qquad \gamma = \left(\frac{\tau}{D}\right)^{1/n}. \tag{A1}$$

Wird Gl.(A1) in Gl.(8) eingesetzt, so ergibt sich

$$\int_{r_1}^{r_2} \frac{\gamma}{r}\, dr = \left(\frac{M}{D\,2\pi s}\right)^{1/n} \frac{-n}{2}\left(r_2^{\,-2/n} - r_1^{\,-2/n}\right) \tag{A2}$$

bzw.

$$\vartheta_{r_1} - \vartheta_{r_2} = \frac{n}{2}\left(\frac{M}{D\,2\pi s r_1^{\,2}}\right)^{1/n} - \left(\frac{M}{D\,2\pi s r_2^{\,2}}\right)^{1/n} \tag{A3}$$

$$= \frac{n}{2}\left(\frac{\tau_1}{D}\right)^{1/n} - \left(\frac{\tau_2}{D}\right)^{1/n}.$$

Hieraus folgt mit Gl.(A1)

$$\gamma_{r_1} = \frac{2}{n}\left(\vartheta_{r_1} - \vartheta_{r_2}\right) + \gamma_{r_2}. \tag{A4}$$

Mit

$$\frac{\gamma_{r_1}}{\gamma_{r_2}} = \left(\frac{r_1}{r_2}\right)^{2/n} \tag{A5}$$

ergibt sich schließlich

$$\gamma_{r_1} = \frac{2}{n}\left(\vartheta_{r_1} - \vartheta_{r_2}\right) \frac{1}{1 - \left(\dfrac{r_1}{r_2}\right)^{2/n}}. \tag{A6}$$

Herleitung der Beziehung zur Berechnung der Schiebung aus dem Verlauf der Drehmoment-Verdrehwinkelkurve.

Durch Substitution der Integrationsvariablen nach Gl.(12) ergibt sich:

$$\frac{d(\vartheta_{r1}{}^* - \vartheta_{r2}{}^*)}{dM} = - \frac{d}{dM} \int\limits_{\tau_{r_1}}^{\tau_{r_2}} \frac{\gamma}{2\tau}\, d\tau \qquad (A7)$$

mit

$$\tau_{r1} = \frac{M}{2\,\pi s r_1{}^2} \quad , \quad \tau_{r2} = \frac{M}{2\,\pi s r_2{}^2} . \qquad (A8)$$

Die Differentiation des Integrals aus Gl.(A7) mit den variablen Integrationsgrenzen Gln.(A8) führt auf folgende Zusammenhänge /40/:

$$\frac{d(\vartheta_{r1}{}^* - \vartheta_{r2}{}^*)}{dM} = - \int\limits_{\tau_{r_1}}^{\tau_{r_2}} \underbrace{\frac{\partial}{\partial M}\left[\frac{\gamma}{2\tau}\right]}_{=0} d\tau + \frac{d\tau_{r2}}{dM}\,\frac{\gamma(\tau_{r2})}{2\tau_{r2}}$$

$$- \frac{d\tau_{r1}}{dM}\,\frac{\gamma(\tau_{r1})}{2\tau_{r1}}$$

$$= \frac{1}{2\pi s r_1{}^2}\,\frac{\gamma_{r1}(M)}{\dfrac{2M}{2\pi s r_1{}^2}} - \frac{1}{2\pi s r_2{}^2}\,\frac{\gamma_{r2}(M)}{\dfrac{2M}{2\pi s r_2{}^2}}$$

$$= \frac{\gamma_{r1}(M) - \gamma_{r2}(M)}{2M} .$$

Daraus folgt Gl.(14).

Anhang 2

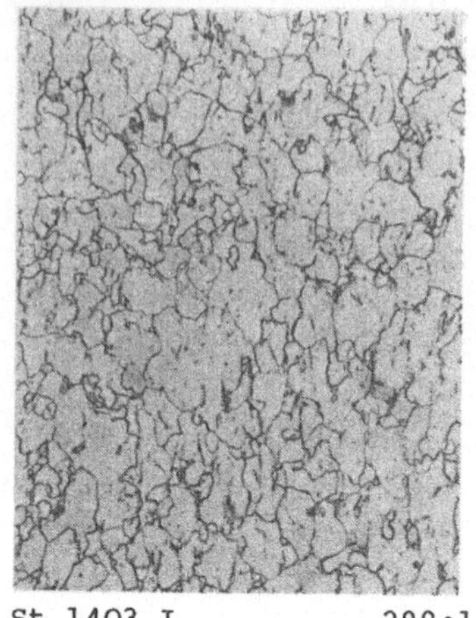

St 1403 I   200:1
$\bar{d}$ = 20 µm, ASTM Nr. 8;
geätzt mit 0,5 % alkohol.
HNO_3 (Nital).

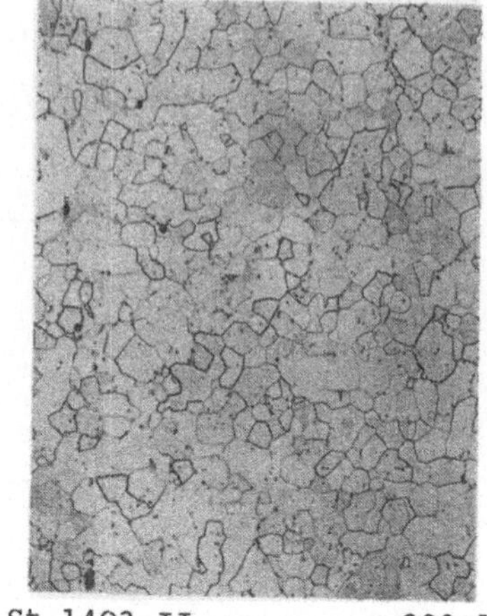

St 1403 II   200:1
$\bar{d}$ = 14 µm, ASTM Nr. 9;
geätzt mit 0,5 % alkohol.
HNO_3 (Nital).

50 µm

X5 Cr Ni 18 9   200:1
$\bar{d}$ = 19 µm, ASTM Nr. 8;
geätzt mit V2A-Beize
(50°C).

CuZn 30   200:1
$\bar{d}$ = 25 µm, ASTM Nr. 8;
ätzpol. und tauchgeätzt
mit 10% Ferrinitrat.

Bild A2/1: Gefügeaufnahmen der Versuchswerkstoffe.

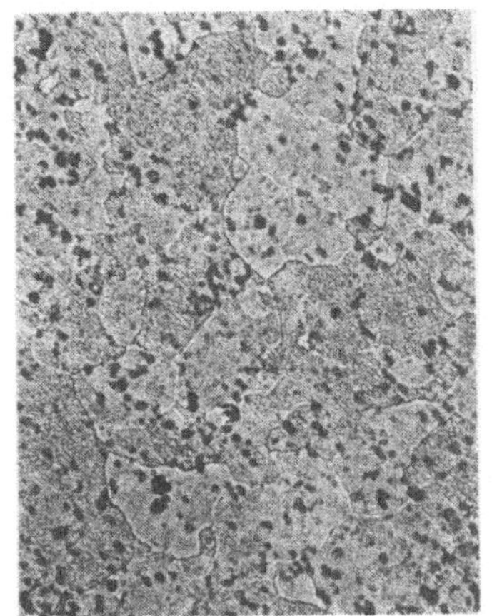

Al 98,7 w   200:1
$\bar{d}$ = 32 µm, ASTM Nr. 7;
geätzt mit Kroll-Ätzmit-
tel.

50 µm

AlMg 2,5   200:1
$\bar{d}$ = 16 µm, ASTM Nr. 9;
gebarkert, polarisiertes
Licht.

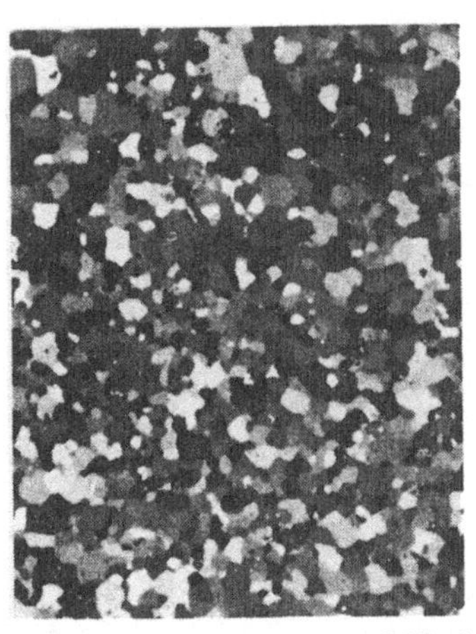

AlMg 5   200:1
$\bar{d}$ = 10 µm, ASTM Nr. 9;
gebarkert, polarisiertes
Licht.

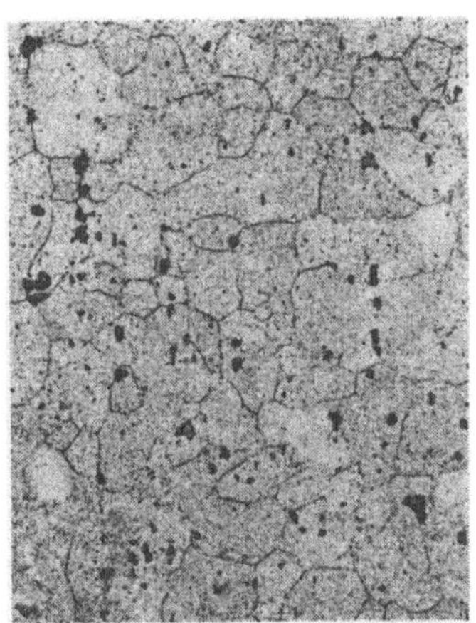

AlMg 0,4 Si 1,2   200:1
$\bar{d}$ = 30 µm, ASTM Nr. 7; geätzt, 60 ml H_2O, 10 g NaOH
und 5g Kaliumferricyanid.

Fortsetzung Bild A2/1

Werkstoff	Blechdicke s mm	Chemische Analyse in Gewichts-%									
		C	Si	Mn	P	S	Al	Cr	Ni	Cu	Fe
St 1403 I	1,0	0,05	0,02	0,24	0,019	0,02	0,06	0,04	0,03	0,07	Rest
St 1403 II	1,0	nicht bekannt									
St 1403	0,5	0,01	0,60	0,19	0,019	0,015	0,17	0,02	0,02	0,02	Rest
X5 CrNi189	1,0	0,042	0,45	1,43	0,023	0,003	0,003	17,7	0,25	0,09	Rest

Werkstoff	Blechdicke s mm	Si	Fe	Cu	Mn	Mg	Zn	Ti	Al
Al 98,7 w	0,5	0,46	0,6	0,01	0,03	0,01	0,01	0,03	Rest
	1,0	0,48	0,6	0,01	0,03	0,01	0,01	0,03	Rest
	2,0	0,52	0,6	0,01	0,03	0,01	0,01	0,03	Rest

Tabelle A2/1: Chemische Zusammensetzung der Versuchswerkstoffe
Alle Angaben in Gewichts-%

Chemische Analyse in Gewichts-%

Werkstoff	Blechdicke s mm	Si	Fe	Cu	Mn	Mg	Cr	Zn	Ti	andere Beimengungen einfach	zusammen	Al
AlMg 2,5	1,0	0,13	0,25	0,024	0,09	2,77	0,201			0,05	0,15	Rest
AlMg 5	1,0	0,08	0,29	0,01	0,34	4,50		0,01	0,009	0,05	0,15	Rest
AlMg 0,4 Si 1,2	1,0	1,20	0,30	0,11	0,07	0,40	0,03	0,04	0,02			Rest

Werkstoff	Blechdicke s mm	Cu	Pb	Fe	Sn	Ni	P	Zn
CuZn 30	1,0	70,0		(Richtwerte)				30,00
CuZn 36	0,5	Rest	0,01	0,003	0,01	0,01	0,001	35,56
	1,0	Rest	0,01	0,003	0,01	0,01	0,001	35,56

Fortsetzung Tabelle A2/1

Werkstoff	Blech-dicke	Winkel z.Walz-richtg.	Streckgrenze				Verfestigungs-exponent		senkrechte Anisotropie		
	s		$R_{p0,2}$	$\overline{R}_{p0,2}$	C	$\overline{C}$	n	$\overline{n}$	r	$\overline{r}$	Δr
	mm		N/mm^2	N/mm^2	N/mm^2	N/mm^2					
St 1403 I	1,0	0	192,1		589,3		0,218		1,796		
		45	203,3	199,6	611,3	597,9	0,215	0,214	1,223	1,5625	0,679
		90	199,7		579,7		0,210		2,008		
St 1403 II	1,0	0	312,4		735,6		0,287				
		45	331,6	327,7	756,0	745,3	0,280	0,279			
		90	335,1		733,6		0,277				
St 14C3	0,5	0	273,1		625,1		0,234				
		45	292,6	290,8	673,3	668,7	0,239	0,240			
		90	304,7		703,0		0,249				
X5 CrNi189	1,0	0	306,4		1639,5		0,462		0,728		
		45	295,7	299,4	1539,9	1579,1	0,452	0,457	1,099	0,974	-0,250
		90	300,1		1597,0		0,463		0,970		

Tabelle A2/2: Fließkurven und mechanische Kennwerte der Versuchswerkstoffe aus dem Flachzugversuch (DIN 50 114).

Werkstoff	Blech-dicke	Winkel z.Walz-richtg.	Streckgrenze				Verfestigungs-exponent		senkrechte Anisotropie		
	s		$R_{p0,2}$	$\overline{R}_{p0,2}$	C	$\overline{C}$	n	$\overline{n}$	r	$\overline{r}$	Δr
	mm		N/mm^2	N/mm^2	N/mm^2	N/mm^2					
Al 98,7	0,5	0	33,2		145,6		0,205		0,754		
		45	32,2	31,5	148,6	147,2	0,228	0,224	0,586	0,6044	0,0366
		90	30,2		146,0		0,235		0,492		
	1,0	0	33,7		162,5		0,258		0,736		
		45	32,8	32,5	154,6	154,3	0,249	0,248	0,618	0,6157	-0,0050
		90	32,4		145,6		0,234		0,491		
	2,0	0	34,6		160,1		0,256		0,782		
		45	33,6	34,6	158,8	156,4	0,266	0,260	0,588	0,634	0,0917
		90	34,8		147,9		0,250		0,577		

Fortsetzung Tabelle A2/2

Werkstoff	Blech-dicke	Winkel z.Walz-richtg.	Streckgrenze				Verfestigungs-exponent		senkrechte Anisotropie		
	s		$R_{p0,2}$	$\overline{R}_{p0,2}$	C	$\overline{C}$	n	$\overline{n}$	r	$\overline{r}$	Δr
	mm		N/mm^2	N/mm^2	N/mm^2	N/mm^2					
AlMg 2,5	1,0	0	110,4		441,7		0,265		0,723		
		45	107,7	108,6	436,8	438,1	0,283	0,278	0,629	0,689	0,120
		90	108,5		436,9		0,280		0,774		
AlMg 5	1,0	0	150,4		608,8		0,310		0,643		
		45	147,1	149,3	569,6	580,3	0,310	0,308	0,774	0,763	-0,023
		90	152,8		573,3		0,301		0,859		
AlMg 0,4 Si 1,2	1,0	0	137,8		511,4		0,260		0,654		
		45	136,9	135,6	503,4	499,8	0,267	0,264	0,411	0,590	0,358
		90	130,8		480,9		0,262		0,884		

Fortsetzung Tabelle A2/2

Werkstoff	Blech-dicke s	Winkel z.Walz-richtg.	Streckgrenze				Verfestigungs-exponent		senkrechte Anisotropie		
			$R_{p0,2}$	$\overline{R}_{p0,2}$	C	$\overline{C}$	n	$\overline{n}$	r	$\overline{r}$	Δr
	mm		N/mm^2	N/mm^2	N/mm^2	N/mm^2					
CuZn 30	1,0	0	138,5		828,7		0,481		0,870		
		45	138,8	137,6	801,7	806,9	0,477	0,473	0,848	0,8475	-0,003
		90	134,3		822,6		0,481		0,821		
CuZn 36	0,5	0	108,0		820,0		0,543		0,884		
		45	108,3	109,6	754,9	773,7	0,516	0,526	0,932	0,921	0,021
		90	110,0		766,5		0,530		0,938		
	1,0	0	114,2		787,0		0,533		0,901		
		45	113,3	114,1	757,8	771,9	0,516	0,522	0,880	0,889	0,017
		90	114,9		784,9		0,522		0,894		

Fortsetzung Tabelle A2/2

Anhang 3

Werkstoff	Blechdicke s (mm)	Außenradius r_a (mm)	Innenradius r_i (mm)	Differentialgl. nach /54/ M_{krit} (Nm)	m	Energiekriterium z_1^* M_{krit} (Nm)	m	z_2^* *) M_{krit} (Nm)	m
Al 98,7 w $E= 70000\ N/mm^2$	0,5	35,0	7,5	199,1	3	201,1	3	200,0	3
			11,5	376,8	4	381,3	4	377,2	4
			20,0	1458,4	7	1476,8	7	1460,0	7
CuZn 36 $E=114000\ N/mm^2$	0,5	35,0	7,5	317,5	3	320,8	3		
			11,5	600,8	4	608,2	4		
			20,0	2325,7	7	2355,1	7		
St 1403 $E=210000\ N/mm^2$	0,5	35,0	7,5	584,8	3	590,9	3		
			11,5	1106,8	4	1120,3	4	1110,0	4
			20,0	4284,2	7	4338,3	7		

Tabelle A3/1: Ergebnisse der Berechnungen des kritischen Drehmomentes unter der Annahme rein elastischen Werkstoffverhaltens.   *) z_2^* mit 15 Reihengliedern

Werkstoff	Blechdicke s (mm)	Außenradius r_a (mm)	Innenradius r_i (mm)	Energiekriterium z_1^*		z_2^* *)		Experiment	
				M_{krit} (Nm)	m	M_{krit} (Nm)	m	M_{krit} (Nm)	m
Al 98,7 w $E= 70000$ N/mm^2	0,5	35,0	7,5	14,8	6	14,5	3	13,9	2/3
			11,5	28,5	6	27,9	4	28,8	4/3
			20,0	68,5	7	67,8	7	67,5	7
		80,0	7,5	14,7	5	14,8	2	14,3	1/2
			11,5	28,5	6	27,1	2	25,1	2/3
			20,0	67,0	6	63,0	3	57,5	2/3
	1,0	35,0	7,5	42,3	5	41,6	4		
			11,5	80,1	5	78,7	5		
			20,0	193,9	7	191,5	7	195,0	6/7
		80,0	7,5	42,0	5	42,8	3		
			11,5	80,5	5	79,9	3		
			20,0	184,5	6	180,2	3	200,0	3

Tabelle A3/2: Ergebnisse der experimentellen Ermittlung sowie der Berechnung des kritischen Drehmomentes für den teilplastischen Fall. *) z_2^* mit 15 Reihengliedern

Werkstoff	Blechdicke s (mm)	Außenradius r_a (mm)	Innenradius r_i (mm)	Energiekriterium z_1^*		z_2^* *)		Experiment	
				M_{krit} (Nm)	m	M_{krit} (Nm)	m	M_{krit} (Nm)	m
St 1403 $E=210000$ N/mm^2	0,5	35,0	7,5	72,5	10	74,8	3	71,0	1/2
			11,5	145,5	10	145,0	4	154,0	3/4
			20,0	364,0	15	349,5	11		(7)
		80,0	7,5	72,5	10	74,7	1		1
			11,5	145,5	11	137,5	2	140,0	2/3
			20,0	364,5	15	325,0	2	360,0	5/2
	1,0	35,0	7,5	166,0	6	166,4	5		
			11,5	326,0	7	322,2	6		
			20,0	790,0	8	781,5	8		
		80,0	7,5	165,9	6	180,3	2		
			11,5	325,5	7	337,8	3	311,0	
			20,0	785,0	8	783,0	5		

Fortsetzung Tabelle A3/2

Werkstoff	Blechdicke s (mm)	Außenradius r_a (mm)	Innenradius r_i (mm)	Energiekriterium z_1^*		z_2^* *)		Experiment	
				M_{krit} (Nm)	m	M_{krit} (Nm)	m	M_{krit} (Nm)	m
CuZn 36	0,5	35,0	7,5	49,5	5	46,3	3	43,5	3/2
$E=114000$ N/mm^2			11,5	86,0	6	80,6	4	75,0	3/4
			20,0	188,0	9	175,9	8	193,0	6/7
		80,0	7,5	50,3	4	44,0	1	45,0	1/2
			11,5	86,5	5	72,5	2	73,0	2/3
			20,0	186,0	7	156,5	2	146,0	2/3
	1,0	35,0	7,5	175,0	4	166,0	3		
			11,5	296,0	5	280,0	4		
			20,0	680,0	7	665,0	7	600,0	
		80,0	7,5	114,0	3	163,4	2		
			11,5	291,0	4	270,0	2	254,0	
			20,0	588,5	5	539,5	3		

Fortsetzung Tabelle A3/2

Berichte aus dem Institut für Umformtechnik der Universität Stuttgart

Herausgeber Professor Dr.-Ing. Kurt Lange

100 **Ermittlung der Fließkurven von Feinblechen im ebenen Torsionsversuch**
Von Dipl.-Ing. Michael Bauer. ISBN 3-540-51117-2.
210 Seiten mit 76 Abbildungen und 7 Tabellen.

73,— DM

Die Bände sind im Erscheinungsjahr und in den folgenden drei Kalenderjahren zu beziehen durch den örtlichen Buchhandel oder durch Lange & Springer, Otto-Suhr-Allee 26-28, 1000 Berlin 10.